©Rilind H/500px/amanaimages

世界一 大きなさばく
サハラさばく（907万㎢）
アフリカ大陸の北部に広がっています。→p.86

世界一大きな種
オオミヤシ（長さ 約35cm）
重さは20kgにもなります。→p.25

写真：オアシス

世界一 大きな等脚類
ダイオウグソクムシ（体長 約40cm）
ワラジムシやフナムシ、ダンゴムシのなかまです。→p.8

写真：アフロ

写真：オアシス

JN224065

世界一大きな鳥
ダチョウ（全長 最大で約2.3m）
体重も100kg以上になり、最も重い鳥です。→p.13

写真：アフロ

世界一高い山
エベレスト山（高さ8,848m）
ヒマラヤ山脈にあります。→p.85

世界一 速い自動車
スラストSSC（時速1,227.985km）
音速を超えた記録です。→p.107

写真：ロイター／アフロ

世界一大きな果実
ジャックフルーツ（長さ 最大で約70cm）
重さは約40kgにもなります。→p.25

写真：ロイター／アフロ

NATURE EARTH ORIGIN

小学館の図鑑 NEO+ぷらす くらべる図鑑 新版

《監修・指導》

加藤由子
（元上野動物園 動物解説員／ヒトと動物の関係学会 監事）

江口孝雄
（防衛大学校 地球海洋学科 教授）

林一彦
（ヤマザキ学園大学 教授／花小金井動物病院）

中村尚
（東京大学 先端科学技術研究センター 気候変動科学分野 教授）

冨田幸光
（国立科学博物館 名誉研究員）

横倉潤
（航空フォトジャーナリスト）

渡部潤一
（国立天文台 教授・副台長）

木津徹
（海人社『世界の艦船』編集局長）

室木忠雄
（元東京都足立区立栗島中学校 校長）

小松義夫
（写真家）

目次

小学館の図鑑 ● NEO＋ぷらす

くらべる図鑑

新版

生き物たちをくらべてみよう！
● 6

乗り物や建造物をくらべてみよう！
● 98

左から：ジンベエザメ　水星の太陽面通過　エベレスト山　ハーモニー・オブ・ザ・シーズのスクリュープロペラ

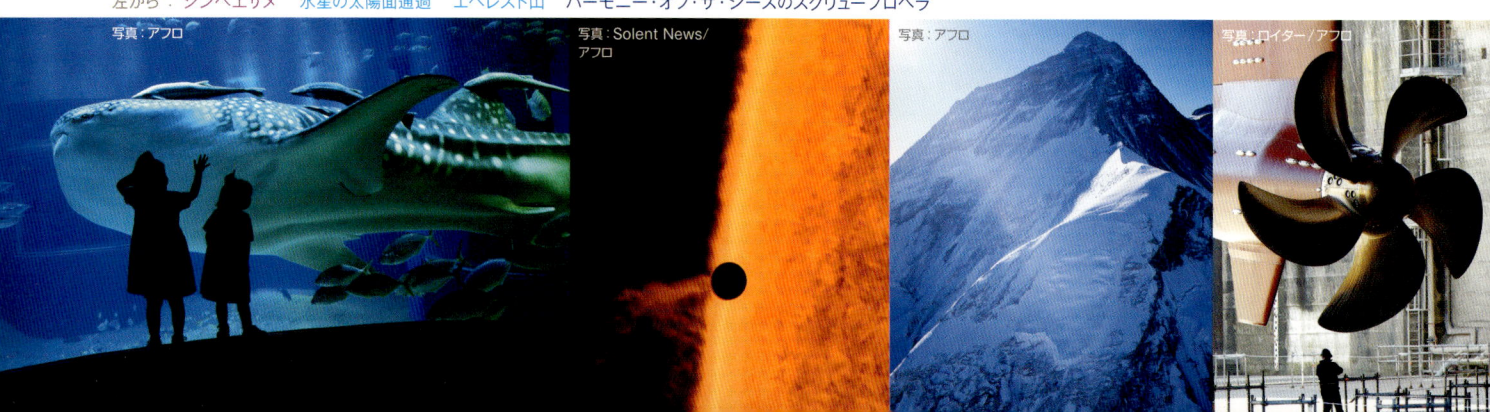

写真：アフロ　写真：Solent News／アフロ　写真：アフロ　写真：ロイター／アフロ

宇宙や地球をくらべてみよう!

世界一を知ろう!

世界と日本をくらべてみよう!

左から：ブルジュ・ハリファ　ブルキナファソの学校　モンゴルの学校　インド／ナガランドの少年

写真：アフロ　　写真：小松義夫　　写真：小松義夫　　写真：小松義夫

この本の使い方

この図鑑では、生き物、太陽系の惑星と地球、
地球の地形や地震などの自然現象、乗り物や建造物、世界の国々と日本など、
いろいろなものを48のテーマに分けて、取り上げています。わたしたち自身とくらべたり、
身近なものとくらべたりすることで、新たな発見があることでしょう。

図鑑ページの見方

《大見出し》
そのページで紹介している内容の
タイトルです。

《色分けされたツメ》
「生き物たちをくらべてみよう!」など、ジャンルごとに、ツメの色で区別しています。

《リード解説》
そのページで紹介している内容を、わかりやすくまとめています。

《関連するページを示す矢印》
ほかのページにも、関連する内容があるときには、矢印でそのページを示しています。

生き物の体重 ―1頭は250人以上!?

生き物たちをくらべてみよう!

現在生きている陸上のほ乳類の中で、いちばん大きいのは、アフリカゾウです。いったい、どれくらいの体重があるのでしょうか?いろいろな生き物の体重と、身近なものの重さをくらべてみましょう。
※小学生の体重は、30kgとして計算します。9歳の平均体重30.4kg(男)／29.7kg(女)
【文部科学省「平成27年度 学校保健統計調査」】

シロナガスクジラ（最大 200t）＝ 大型ダンプトラック（約70t）約3台分
現在、地球上で最大の動物です。東京都台東区の公立小学校に通う小学生全員の体重と、同じくらいになります。
東京都台東区の公立小学校児童数＝ 6,439人
【東京都教育委員会「平成27年度 教育人口等推計報告書」】

写真提供：
海洋博公園・沖縄美ら海水族館

ジンベエザメ
（沖縄県・沖縄美ら海水族館のジンタ♂ 5.5t／2015年12月）＝ 2t積みトラック 約3台分
いちばん大きな魚です。卵ではなく、子どもを産みます。→p.58

地球最大

ゾウ アフリカゾウ
（東京都・多摩動物公園のタマオ♂ 7.6t）
＝ 小学生 250人分以上

多摩動物公園の〇〇までの高さが3.5…した。アフリカ生…の時に日本にや…歳（推定）まで生き…

キリン
（京都府・京都市動物園のキヨミズ♂約800kg／2015年12月）
＝ 軽自動車（約800kg）約1台分
背がいちばん高いほ乳類で、最大約6mになります。体重は、大きなものでは約2tにもなります。→p.45

18　　ゾウの体重がわかる計算式があります。体長(cm)×胸囲(cm)×0.036−1,010＝ゾウの体重(kg)です。

海と湖 ―全部の陸地…

宇宙や地球をくらべてみよう!

地球の表面の70%以上は、海でおおわれています。
そして、その海の75%以上が、深さ3,000m以上の深…科学技術の進歩により、わたしたち人類は、いろいろな環境に進出して、生活しています。
しかし、海はまだまだ広いのです。

ビクトリア湖
大西洋

■ 海の深さ
地上でいちばん高いところは、エベレスト山で8,848mですが、海にはもっと深いところがあります。海の深さを見てみましょう。

地球の海の20%…
5,000m以上の深…

インド洋
（最大の深さ7,125m）
いちばん深いところは、ジャワ海溝です。

カリブ海
（最大の深さ7,680m）
メキシコ湾のいちばん深いところは、4,376mです。

大西洋
（最大の深さ8,605m）
いちばん深いところは、プエルトリコ海溝です。

伊豆・小笠原海溝
（最大の深さ9,780m）
日本の近海では最も深いところです。

エベレスト山
（高さ8,848m）

有人潜水艇トリエステ号
による最深記録
（1万916m）

太平洋
（最大の深さ1万920m）
いちばん深いところは、マリアナ海溝です。

6,000m
7,000m
8,000m
9,000m
10,000m
11,000m

78　　バイカル湖は、面積では世界第7位ですが、深さがあるため、体積…

生き物の大きさのはかり方

この本では、主に「全長」と「体長」で、生き物の大きさを表しています。

頭の先から尾びれの先まで

くちばしの先から尾羽の先まで

● **体長**
主に、ほ乳類の大きさに使っています。

鼻先から尾のつけ根まで

● **全長**
主に、魚や鳥、両生類やはちゅう類の大きさに使っています。

上あごの先から尾びれの切れこみまで

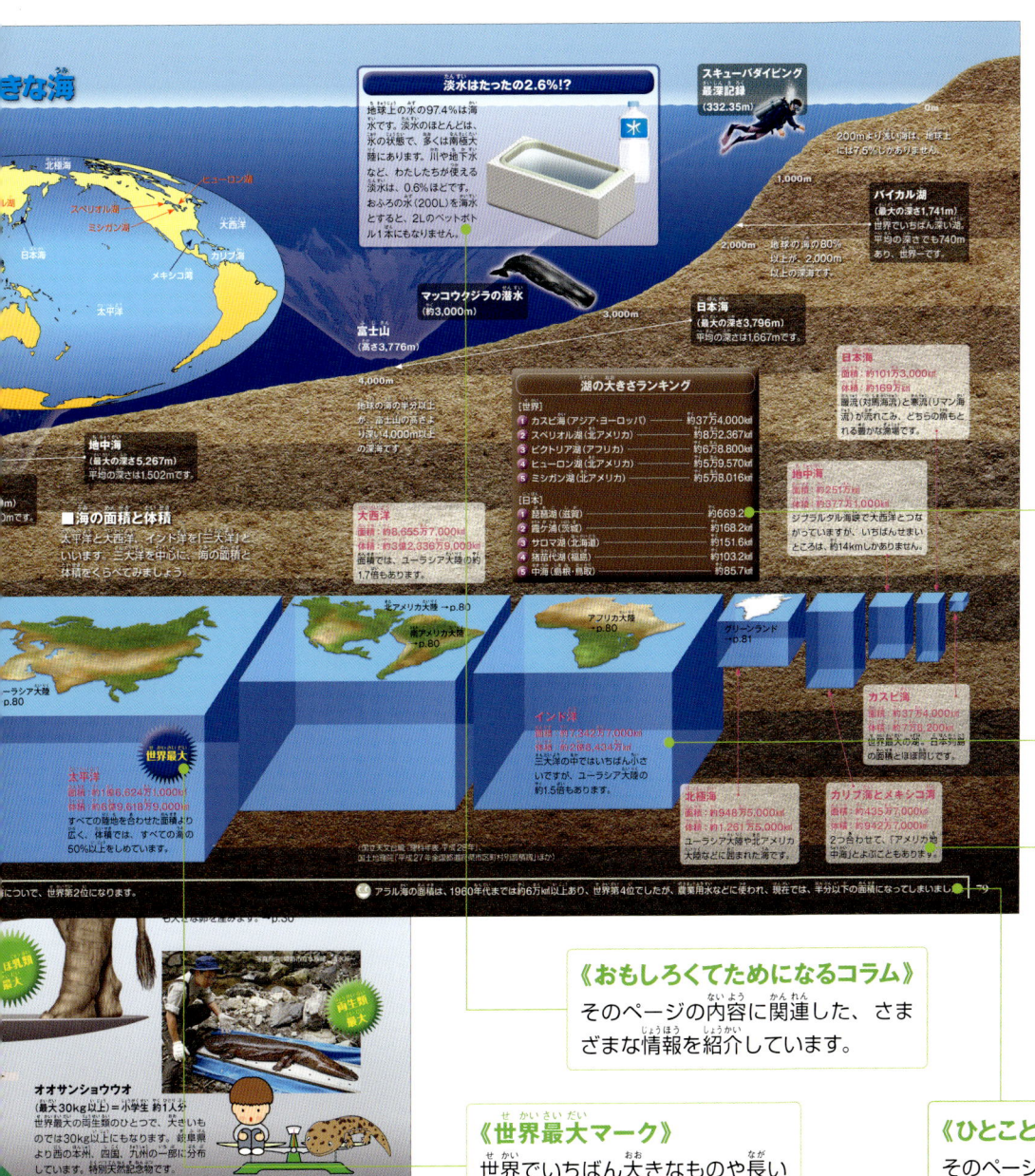

きな海

淡水はたったの2.6%!?
地球上の水の97.4%は海水です。淡水のほとんどは、氷の状態で、多くは南極大陸にあります。川や地下水など、わたしたちが使える淡水は、0.6%ほどです。おふろの水(200L)を海水とすると、2Lのペットボトル1本にもなりません。

スキューバダイビング最深記録(332.35m)

200mより深い海は、地球上には7.5%しかありません。

バイカル湖
(最大の深さ1,741m)
→世界でいちばん深い湖。平均の深さでも740mあり、世界一です。

地球の海の80%以上が、2,000m以上の深海です。

マッコウクジラの潜水
(約3,000m)

富士山
(高さ3,776m)

日本海(最大の深さ3,796m)
平均の深さは1,667mです。

地球の海の半分以上が、富士山の高さよりも深い(4,000mより深)の深海です。

地中海
「最大の深さ5,267m」
平均の深さは1,502mです。

■海の面積と体積
太平洋と大西洋、インド洋を「三大洋」といいます。三大洋を中心に、海の面積と体積をくらべてみましょう。

大西洋
面積:約8,655万7,000km²
体積:約3億2,336万9,000km³
面積では、ユーラシア大陸の約1.7倍もあります。

日本海
面積:約101万3,000km²
体積:約169万km³
暖流(対馬海流)と寒流(リマン海流)が流れこみ、どちらの魚もとれる豊かな漁場です。

地中海
面積:約251万km²
ジブラルタル海峡で大西洋とつながっていますが、いちばんせまいところは、約14kmしかありません。

湖の大きさランキング

[世界]		
❶ カスピ海(アジア・ヨーロッパ)	約37万4,000km²	
❷ スペリオル湖(北アメリカ)	約8万2,367km²	
❸ ビクトリア湖(アフリカ)	約6万8,800km²	
❹ ヒューロン湖(北アメリカ)	約5万9,570km²	
❺ ミシガン湖(北アメリカ)	約5万8,016km²	

[日本]		
❶ 琵琶湖(滋賀)	約669.2km²	
❷ 霞ヶ浦(茨城)	約168.2km²	
❸ サロマ湖(北海道)	約151.6km²	
❹ 猪苗代湖(福島)	約103.2km²	
❺ 中海(島根・鳥取)	約85.7km²	

北アメリカ大陸 →p.80
南アメリカ大陸 →p.80
アフリカ大陸 →p.80
グリーンランド →p.81
ユーラシア大陸 p.80

太平洋
面積:約1億6,624万1,000km²
体積:約6億9,618万9,000km³
すべての陸地を合わせた面積より広く、体積では、すべての海の50%以上をしめています。

世界最大

インド洋
面積:約7億3429万7,000km²
体積:約2億8,404万km³
三大洋の中ではいちばん小さいですが、ユーラシア大陸の約1.5倍もあります。

北極海
面積:約948万5,000km²
体積:約1,261万5,000km³
ユーラシア大陸や北アメリカ大陸などに囲まれた海です。

カスピ海
面積:約37万4,000km²
体積:約7万8,200km³
世界最大の湖で、日本列島の面積とほぼ同じです。

カリブ海とメキシコ湾
面積:約435万7,000km²
体積:約942万7,000km³
2つ合わせて、「アメリカ地中海」とよぶこともあります。

(国立天文台編『理科年表 平成28年』、国土地理院『平成27年全国都道府県市区町村別面積調』ほか)

アラル海の面積は、1960年代までは約6万km²以上あり、世界第4位でしたが、農業用水などに使われ、現在では、半分以下の面積になってしまいました。

について、世界第2位になります。

大きな卵を産みます。→p.30

オオサンショウウオ
(最大30kg以上)=小学生 約1人分
世界最大の両生類のひとつで、大きいものでは30kg以上にもなります。岐阜県より西の本州、四国、九州の一部に分布しています。特別天然記念物です。

捕獲まると、森毛山動物園のダチョウ(オース)と同じ重さになります。

世界最大
両生類 最大

19

アルファベットの読み方

A エー	B ビー
C シー	D ディー
E イー	F エフ
G ジー	H エイチ
I アイ	J ジェイ
K ケイ	L エル
M エム	N エヌ
O オー	P ピー
Q キュー	R アール
S エス	T ティー
U ユー	V ブイ
W ダブリュー	X エックス
Y ワイ	Z ゼット

《ランキング情報》
関連する項目の、世界や日本の順位を紹介しています。

《図解イラスト》
わかりやすく、くらべられるように図解しています。

《解説》
それぞれの項目の内容を紹介しています。

《おもしろくてためになるコラム》
そのページの内容に関連した、さまざまな情報を紹介しています。

《世界最大マーク》
世界でいちばん大きなものや長いもの、速いものなどの印です。

《ひとこと情報》
そのページに関連した、用語の解説や豆知識を紹介しています。

単位の記号

●長さの単位
• mm(ミリメートル)
• cm(センチメートル) *1cmは10mmです。
• m(メートル) *1mは100cmです。
• km(キロメートル) *1kmは1,000mです。

●重さの単位
• g(グラム)
• kg(キログラム) *1kgは1,000gです。
• t(トン) *1tは1,000kgです。

●面積と体積の単位
• km²(平方キロメートル)
*1km²は1辺が1kmの正方形と等しい面積です。
• km³(立方キロメートル)
*1km³は1辺が1kmの立方体と等しい体積です。

1km²

1km³

1km

●速さの単位
• 時速
*1時間に進むきょりで表す速さです。時速300kmは1時間に300km動く速さです。
• マッハ、ノット →p.106

5

世界最大の魚ジンベエザメ

→ p.15、18、58

最も大きなものでは、全長が18mにもなると
いわれています。大きな口を開けて泳ぎ、
プランクトンをすいこんで食べます。

写真：アフロ

生き物たちをくらべてみよう!

わたしたちがすむ地球上には、
少なくとも300万種以上の生き物がいるといわれています。
種類によって、大きさも形もさまざまです。
いろいろな見方で、生き物たちをくらべてみましょう。

生き物の大きさ①
ーわたしたちとくらべたら!?

現在の地球上には、いろいろな生き物がいます。
生命の誕生は、今から約40億年前と考えられています。
最初の生き物は、とても小さな微生物でした。
その小さな祖先から、さまざまに進化していったのです。

生き物たちをくらべてみよう!

オニヒトデ
(直径 最大で約60cm)
するどいとげには毒があります。体の外に胃を出して、サンゴを食べてしまいます。

オオシャコガイ
(からの長さ 最大で約140cm)
世界でいちばん大きな貝です。

ダイオウグソクムシ
(体長 約40cm)
フナムシやダンゴムシのなかまです。大西洋やインド洋の深海にすんでいます。→p.35

アメリカウミザリガニ
(体長 最大で約64cm)
アメリカンロブスターともいい、食用になります。はさみも入れると、1mをこえるものもいます。

ゴライアスガエル
(体長18〜32cm)
世界最大のカエルです。足をのばすと80cmにもなります。

カモノハシ
(体長30〜45cm)
ほ乳類ですが、卵を産みます。オーストラリアやタスマニアにすんでいます。→p.31

フェネック
(体長25〜40cm)
イヌ科で最小です。アフリカのさばくなどにすんでいます。→p.43

0m 1m

ピラニア
（全長 最大で約55cm）
アマゾン川（→p.83）など南アメリカにすむ肉食の魚です。

ベンテンウオ
（全長 最大で約50cm）
左右に平たい魚で、大きな背びれとしりびれは、広げると約70cmになります。

アレキサンドラ トリバネアゲハ
（前ばねの長さ 最大で♂約10cm、♀13cm）
パプアニューギニアにすむ、世界最大のチョウです。

コウテイペンギン
（全長 最大で約120cm）
最大のペンギンです。→p.31

小学生
9歳の平均身長
133.4cm（女）／133.5cm（男）
6歳の平均身長
116.5cm（男）／115.5cm（女）
（文部科学省「平成27年度学校保健統計調査」）

カピバラ
（体長106〜134cm）
ネズミのなかまの中で、最大の種です。

ジャワマメジカ
（体長40〜60cm）
いちばん小さなマメジカです。東南アジアの熱帯雨林などにすんでいます。

2m

生き物の大きさ②
－わたしたちより大きな生き物!?

生き物たちをくらべてみよう！

シーラカンス
（全長 最大で約1.8m）
「生きた化石」といわれる
魚です。約7000万年前
に絶滅したと考えられて
いました。→p.58

タチウオ
（全長 最大で約1.3m）
立ち泳ぎをします。→p.58

ジュゴン
（体長2.4～3m、
最大で約3.3m）
インド洋や太平洋のあた
たかい海でくらし、海草
を食べています。

カツオ
（全長 最大で約1.2m）
とても速く泳ぐことができます。

0m   1m   2

ワモンアザラシ
（体長1.1〜1.5m、
最大で約1.65m）
北極海などにすんで
います。北海道の近く
の海でも見られます。

オオハクチョウ
（全長 最大で約1.4m）
ユーラシア大陸北部か
ら、日本に冬ごしにき
ます。

イロワケイルカ
（体長1.3〜1.5m、
最大で約1.8m）
体重は60kgぐらい
になります。

アオウミガメ
（甲らの長さ 82〜107cm）
小笠原諸島などに、卵を産
みにきます。→p.31

アカカンガルー
（体長75〜140cm）
尾は長いもので、1m
にもなります。→p.29

マダイ
（全長 最大で約1m）
魚の中では、めずらしく
臼歯があります。

グレビーシマウマ
（体長2.5〜3m）
いちばん大きな野生
のウマのなかまです。

ジャイアントパンダ
（体長1.2〜1.5m）
野生には、1,600頭
ぐらいしかいません。
→p.29

チーター
（体長1.1〜1.5m）
地上をいちばん速く走
る動物です。→p.28

ガラパゴスゾウガメ
（甲らの長さ 75〜130cm）
世界でいちばん大きな
リクガメです。

オオサンショウウオ
（全長 最大で約1.5m）
最大の両生類で、日本に
すんでいます。→p.19

ウミイグアナ
（全長 最大で約1.5m）
主に海そうを食べます。→p.58

3m　　　4m　　　5m

生き物の大きさ③
―陸上でいちばん大きい!?

シャチ
（体長5.7〜8m、最大で約9.8m）
世界中の海に、広く分布していま
す。母親を中心とした群れで、く
らします。→p.57

ミズダコ
（体長2.5〜3m）
いちばん大きなタコです。
北太平洋の冷たい海でく
らします。

プラーブック
（全長 最大で約3m）
世界最大級の淡水魚で
す。メコンオオナマズ
ともいいます。

ミナミゾウアザラシ
（体長 最大で
♂約5.8m、♀約3m）
いちばん大きなアザラシです。
おとなのオスには、ゾウのよ
うな鼻があります。→p.26

クロマグロ
（全長 最大で約3m）
重さ400kg以上になる
ものもいます。→p.57

タカアシガニ
（甲らの長さ 約34cm）
いちばん大きなカニです。は
さみあしを広げると、大きな
オスでは3m以上になります。

0m　　　　　　　　　　　　　　　　　　　5m

オニイトマキエイ
（全長 最大で約5m）
いちばん大きなエイです。えさを食べるときは、頭にある、ひれを動かして、口に入りやすくします。

ホホジロザメ
（全長 約6.4m、まれに約8m）
きょうぼうで、おそれられていますが、かまぼこなど、練り製品として食用になります。→p.58

キリン
（体長3.8〜4.7m）
オスは、頭までの高さが6m近くになります。→p.18

コンドル
（全長 最大で約1.1m）
つばさを広げると、3m近くになります。南アメリカ大陸にいます。

アフリカゾウ
（体長6〜7.5m）
陸上でいちばん大きなほ乳類です。オスのきばは、最大で3.5mになります。→p.18

フタコブラクダ
（体長2.2〜3.5m）
こぶまでの高さは、約2.3mになります。→p.29

ダチョウ
（全長 最大で約2.3m）
世界でいちばん大きくて、重い鳥です。→p.19

シロサイ
（体長3.3〜4.2m）
角は2本ありますが、前の角は、いちばん長いもので1.6mになります。→p.29

イリエワニ（全長5〜7m）
いちばん大きなワニで、泳ぎも得意です。→p.31

10m　　　14m

生き物の大きさ④
－25mプールより大きな生き物!?

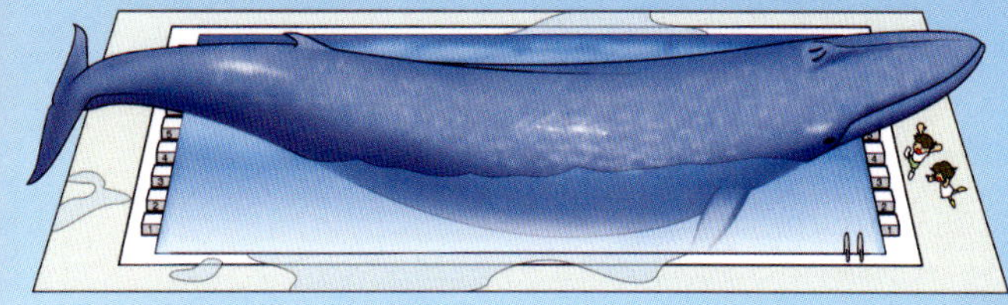

25mプールとシロナガスクジラ

オオチョウザメ
（全長 約3m、まれに約8m）
カスピ海（→p.79）などにすんでいます。卵を塩づけにしたものが、高級食品のキャビアです。

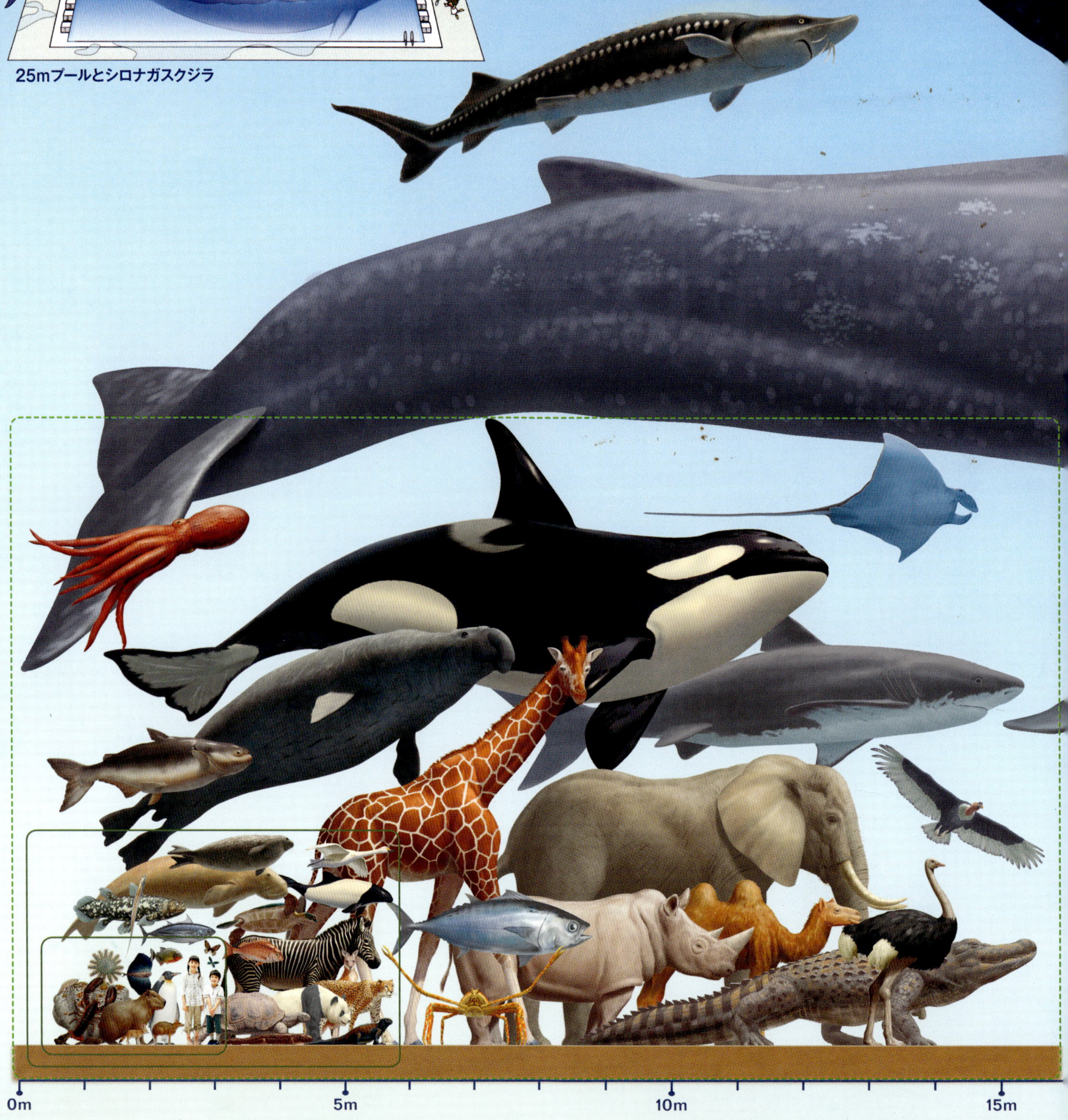

0m　　　5m　　　10m　　　15m

ジンベエザメ
（全長 約12m、まれに約18m）
いちばん大きな魚です。小魚や
プランクトンなどを食べます。
大きいけれど、おだやかな性質
です。→p.18

コバンザメ
（全長 最大で約1m）
頭にあるきゅうばんは、背びれ
が変化したものです。ジンベエ
ザメなど、ほかの大きな生き物
に、くっついて移動します。

シロナガスクジラ　世界最大
（体長23〜27m、
最大で約33.6m）
世界で最も大きな動物です。体重
は最大で200tもあります。体長
1〜5cmのオキアミを食べます。
→p.18

マッコウクジラ
（体長11〜15m、最大で約18m）
頭が体長の3分の1をしめています。
食べ物はイカやタコなどで、ダイオ
ウイカも食べます。とても深くもぐ
ることができます。→p.59

ダイオウイカ
（全長5〜6m、最大で15m以上）
いちばん大きなイカです。日本の近く
の海にいるダイオウイカは、6mぐらい
ですが、大西洋では、巨大なダイオウ
イカが発見されています。→p.58

20m　　　25m　　　30m

生き物の大きさ⑤
―てのひらより小さな世界!?

世界には、わたしたちより、ずっと大きな生き物もいますが、ぎゃくに、てのひらにおさまってしまう生き物もたくさんいます。それどころか、指もんの線よりも小さな生き物もいます。ミクロの世界をたんけんしてみましょう。

（ほぼ実際の大きさです。）

生き物たちをくらべてみよう！

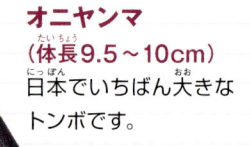

オニヤンマ
（体長9.5〜10cm）
日本でいちばん大きなトンボです。

マメハチドリ
（全長 約6cm）
世界でいちばん小さな鳥で、体重は、1円玉2枚分（2g）しかありません。

ハッチョウトンボ
（体長 約1.8cm）
日本でいちばん小さなトンボです。

コガネガエル
（体長1.3〜1.8cm）
ブラジルの熱帯雨林にすむカエルです。

アオミノウミウシ
（体長 約3cm）
あたたかい海にすんでいる貝のなかまです。

ハダカカメガイ
（体長 約4cm）
オホーツク海など、冷たい海にすむ、貝のなかまです。「クリオネ」ともよばれます。

キティ
ブタバナコウモリ
（体長2.9〜3.3cm）
世界でいちばん小さなコウモリです。

ベルサネズミ
キツネザル
（体長9〜11cm）
ネズミキツネザルのなかまは、世界で最も小さなサルたちです。

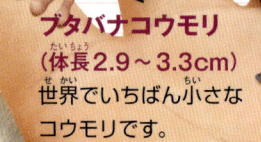

バルチスタン
コミミトビネズミ
（体長3.6〜4.7cm）
南アジアのさばくなどにすんでいるトビネズミです。尾の長さは、体長の約2倍の7〜9cmもあります。

10cm

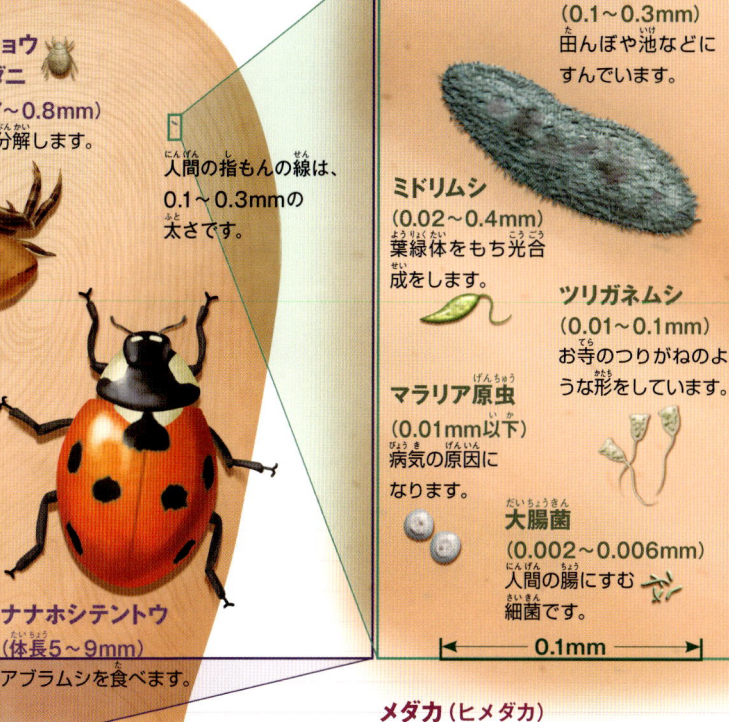

ウミホタル
（体長 約3mm）
青く光る物質を出します。

マダラクワガタ
（体長 4〜6mm）
日本でいちばん小さな
クワガタムシ。

**キュウジョウ
コバネダニ**
（体長 0.7〜0.8mm）
落ち葉を分解します。

人間の指もんの線は、
0.1〜0.3mmの
太さです。

ゾウリムシ
（0.1〜0.3mm）
田んぼや池などに
すんでいます。

カブトミジンコ
（体長 約3mm）
エビやカニのなかまです。

ミドリムシ
（0.02〜0.4mm）
葉緑体をもち光合
成をします。

ツリガネムシ
（0.01〜0.1mm）
お寺のつりがねのよ
うな形をしています。

アズチグモ♂
（体長 2〜4mm）
メスは、オスの3倍
ほどの大きさです。

ヒトノミ
（体長 2〜4mm）
人間に寄生します。

**バエドキプリス・
プロゲネティカ**
（全長 約8mm）
世界で最も小さな
魚のひとつです。

マラリア原虫
（0.01mm以下）
病気の原因に
なります。

大腸菌
（0.002〜0.006mm）
人間の腸にすむ
細菌です。

1cm

0.1mm

ナナホシテントウ
（体長 5〜9mm）
アブラムシを食べます。

メダカ（ヒメダカ）
（全長 約3cm）
ヒメダカはミナミメダカを改良し
た観賞魚です。野生のメダカは、
環境の変化で数がへっています。

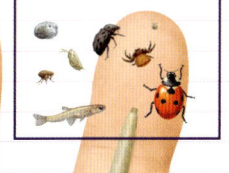

トヨシオマリヒトデ
（直径 約1.2cm）
奄美大島にすんで
います。

ムラサキウミコチョウ
（体長 約1.5cm）
つばさのような足を使っ
て、泳ぎます。貝のなか
までです。

アオウミウシ
（体長 約4cm）
本州から九州にいる、
貝のなかまです。

ミクロヒメカメレオン
（全長 1.6〜2.9cm）
マダガスカルにす
む、世界最小のカ
メレオンです。

ロウソクツノガイ
（からの長さ 約2cm）
先たんが、ろうそくの
先の形に似ています。

ミツボシゴマハゼ
（全長 約1.5cm）
奄美大島の川の下流
などにすんでいます。

カタクチイワシ
（全長 約15cm）
めざしやにぼしとして、
よく食べられます。

サクラエビ
（体長 約4cm）
食用になります。静
岡県の駿河湾が有名
な産地です。

ヒメイカ
（体長 3〜4cm）
世界でいちばん小さ
なイカです。

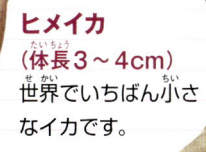

キクイタダキ
（全長 約10cm）
日本でいちばん小さな鳥
です。体重は4〜6gです。

生き物の体重 −1頭は250人以上!?

現在生きている陸上のほ乳類の中で、いちばん大きいのは、アフリカゾウです。いったい、どれくらいの体重があるのでしょうか？いろいろな生き物の体重と、身近なものの重さをくらべてみましょう。

※小学生の体重は、30kgとして計算しました。9歳の平均体重30.4kg（男）／29.7kg（女）
（文部科学省「平成27年度 学校保健統計調査」）

シロナガスクジラ（最大 200t）＝大型ダンプトラック（約70t）約3台分

現在、地球上で最大の動物です。東京都台東区の公立小学校に通う小学生全員の体重と、同じくらいになります。

東京都台東区の公立小学校児童数＝6,439人
（東京都教育委員会「平成27年度 教育人口等推計報告書」）

動物最大

©Franco Banfi/naturepl.com/amanaimages

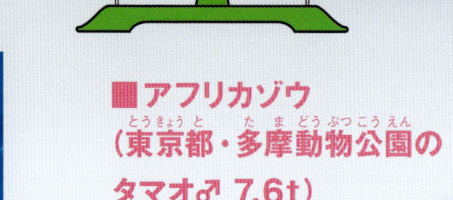

魚類最大

写真提供：
海洋博公園・沖縄美ら海水族館

ジンベエザメ
（沖縄県・沖縄美ら海水族館のジンタ♂ 5.5t／2015年12月）＝2t積みトラック 約3台分
いちばん大きな魚です。卵ではなく、子どもを産みます。→p.58

■ アフリカゾウ
（東京都・多摩動物公園の
タマオ♂ 7.6t）
＝小学生 250人分以上

多摩動物公園のタマオは、肩までの高さが3.5m以上ありました。アフリカ生まれで、3歳の時に日本にやってきて、38歳（推定）まで生きました。

キリン
（京都府・京都市動物園のキヨミズ♂約800kg／2015年12月）
＝軽自動車（約800kg）約1台分
背がいちばん高いほ乳類で、最大約6mになります。体重は、大きなものでは約2tにもなります。→p.45

写真提供：京都市動物園

ゾウの体重がわかる計算式があります。体長(cm)×胸囲(cm)×0.036−1,010＝ゾウの体重(kg)です。

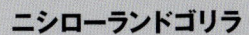

どちらも
284キロ！

ええ〜

力士と体重をくらべてみよう！
力士の最高体重は、284kg（小錦関）でした。これは小学生約9人分以上です。

ニシローランドゴリラ
（愛知県・名古屋市東山動植物園のシャバーニ♂ 190kg／2015年12月推定）＝原付バイク（95kg）2台分
西アフリカの熱帯林などにくらすゴリラのなかまです。オスは、おとなになると、背中の毛が銀色になることから、シルバーバックとよばれます。

写真提供：東山動物園

ダチョウ
鳥類最大
（神奈川県・野毛山動物園のオース♂ 約101kg／2015年2月推定）＝小学生 約3人分
いちばん大きな鳥です。飛ぶことはできませんが、時速約70kmで走ることができます。とても大きな卵を産みます。→p.30

写真提供：横浜市立野毛山動物園

陸上ほ乳類最大

オオサンショウウオ
両生類最大
（最大30kg以上）＝小学生 約1人分
世界最大の両生類のひとつで、大きいものでは30kg以上にもなります。岐阜県より西の本州、四国、九州の一部に分布しています。特別天然記念物です。

写真提供：姫路市立水族館　清水邦一

樹木の高さ — 通天閣より背が高い!?

わたしたちの周りには、木より高い建物がたくさんあります。
しかし、世界中をさがせば、人間がつくった建物より大きな植物もたくさんあります。
大阪の通天閣といろいろな植物をくらべてみましょう。

シロナガスクジラ
地球上で最も大きな動物です。最大のものは体長33.6mにもなります。

熱帯雨林
マレーシアやインドネシアなどの熱帯（気温が高く、雨の多い地域）にある熱帯雨林には、フタバガキのなかまなど、70mをこえるものもあります。

通天閣
大阪市にある通天閣は、高さ100mです。現在、建っているものは2代目で、初代は第2次世界大戦中に、焼けてしまいました。2代目の通天閣を設計した人は、東京タワーも設計しました。

きみまち杉
秋田県能代市にある秋田スギの巨木です。高さは58mで、国有林に生えているスギの中では日本一です。

ジャイアント・ケルプ
長さが60mにもなる、コンブのなかまです。夏のいちばん成長するときには、1日に30cm以上、のびるといわれています。

栢野の大スギ
石川県加賀市にあるスギです。高さが54.8m、根もとのみきの周りは11.5mもあります。地上から4.9mのところで、ふたまたに分かれています。国の天然記念物です。

屋久島の縄文杉
鹿児島県屋久島の縄文杉は高さ25.3m、みきの周りは16.4mもあります。推定樹齢は、2000年以上といわれています。屋久島は、日本で最初に世界自然遺産に登録されました。

はしご車
日本で使われているはしご車のはしごの高さは、最高で約50mです。ビルの17階にとどきます。

ヤエヤマヤシ
沖縄県の石垣島と西表島にしか生えていません。高さは25mになり、国の天然記念物に指定されています。

体積が世界最大!?

アメリカ合衆国のカリフォルニア州にあるセコイア国立公園には、セコイアの巨木がたくさん生えています。なかでも、「シャーマン将軍の木」と名付けられたセコイアは、高さ83.8mで、ハイペリオンにはとどきませんが、直径は約11m、みきの周りは約31mもあります。推定された体積は約1,487㎥で、世界最大といわれています。

樹齢2000年以上の
シャーマン将軍の木
写真：アフロ

セコイア
アメリカ合衆国のレッドウッド国立・州立公園にある1本は、「ハイペリオン」とよばれ、高さ115.55mもあります。現在、世界でいちばん高い木です。

世界最高

ゾウタケ
東南アジアが原産地です。高さが30m、直径30cmにもなる、世界で最も高いタケのなかまです。タケノコは食用になります。

山高神代桜
山梨県北杜市にあるエドヒガンザクラで、樹齢は2000年ともいわれます。高さ10.3m、みきの周りは11.8mもあり、左右に分かれたえだは、いくつものそえ木でささえられています。

モンキーポッド
ハワイのオアフ島、モアナルア・ガーデンパークにあります。テレビコマーシャルで有名になり、「日立の樹」ともよばれています。高さ25m、幅40m、樹齢は100年以上です。

バオバブ
アフリカ大陸やマダガスカル島などに生えていて、高さ20m、直径10mぐらいになります。

パキケレウス・ウェベリ
メキシコ北部などに生えているサボテンで、高さ10m以上になります。

びっくり植物
ー教室がすっぽり入る木!?

わたしたちがくらしている地球には、
教室が入ってしまうほど太い木、小学生の背より高い花など
いろいろな、びっくり植物が存在しています。
そんなびっくり植物を見てみましょう。

世界で最も太いメキシコ
ヌマスギは、トゥーレの
木とよばれています。

写真：アフロ

世界最大

■ メキシコヌマスギ
（世界で最も太い木）

メキシコのオアハカ州に生えているメキシコ
ヌマスギは、みきの太さが世界一です。根も
との直径が14.05m、周囲は58mで、小学生
が両手を広げて手をつなぐと、約44人分に
なります。学校の教室もすっぽり入ってしま
う大きさです。

花序→

世界最大

ショクダイオオコンニャク
（世界最大の花序）

花序（花が集まった部分）が、世
界最大の高さで、2mをこえま
す。「ショクダイ」は「燭台」で、
ろうそくを立てる台のことです。
スマトラオオコンニャクともよ
ばれ、インドネシアのスマトラ
島に生えています。

写真：朝日新聞社／アフロ

世界最大

ラフレシア・アーノルディ
（世界最大の花）

直径は、約1m、重さ7kgにも
なり、ボウリングでいちばん
重い、16ポンドのボールと同
じくらいの重さです。花は、
くさったようなにおいを出し、
このにおいでハエをよびよせ、
受粉をさせます。東南アジア
の熱帯雨林に生えています。

©imamori mitsuhiko/Nature Production /amanaimages

世界で最も小さな花のひとつは、ウキクサの1種ウォルフィア・アングスタで、花の長さ0.6mm、重さは0.00015gしかありません。

写真：アフロ

オオオニバス
（人が乗れる葉っぱ）
南アメリカのアマゾン川流域などに分布し、葉は直径2mぐらいになります。50kgぐらいまでなら、人も乗ることができます。

写真：ロイター／アフロ

ウツボカズラのなかま
（ネズミも消化する食虫植物）
葉っぱがふくろのようになっています。中に消化液が入っていて、落ちた昆虫を消化します。インドネシアのボルネオ島には、たくさんの種類があり、ネズミも消化してしまうほど大きなものもあります。

オニフスベ（恐竜の卵？）
直径20〜50cmの大きなキノコです。竹やぶなどに生え、一晩で大きくなることもあります。成熟すると、外の皮がひびわれ、中から胞子を出します。

©朝日新聞社／アマナイメージズ

守口ダイコン
（世界でいちばん長いダイコン）
長さ120cmをこえ、いちばん長いものでは、190cmにもなります。直径は2cmほどで、とても細長いダイコンです。主につけ物に使われています。昔は、大阪府守口市で育てられていたので、この名前がつきました。岐阜県や愛知県が主な産地です。

世界最長

写真提供：公益社団法人愛知県漬物協会

ダイコン

桜島ダイコン
（世界最大のダイコン）
重いものでは、30kg以上にもなります。これは、小学4年生の平均体重と同じくらいの重さです。鹿児島県の桜島の近くで育てられ、「桜島ダイコン」とよばれるようになりました。今では、鹿児島県を代表する野菜です。

世界最大

桜島ダイコン

びっくり果実－大小とりそろえて…

わたしたちは、いろいろな果実を食べています。
同じなかまなのに、さまざまに品種改良されて、
大きかったり、小さかったり、形もさまざまです。
いろいろな果実をくらべてみましょう。
（ほぼ実際の大きさです。）

ミニトマト

マイクロトマト

桃太郎トマト
日本でいちばん多く栽培されている品種です。

■かんきつ類
日本では、古くから栽培されており、『古事記』『日本書紀』にも記録があります。いちばん多く栽培されているのは、ウンシュウミカンです。

世界一
いちばん大きなリンゴです。1kg以上のものもあります。

■リンゴ
日本では、ミカンの次に多く栽培されている果実です。半分以上が青森県で栽培されています。鎌倉時代に中国から日本に伝わったといわれています。

アルプスおとめ
とても小さなリンゴで、40gぐらいです。

バンペイユ
ブンタン（ザボン）の1種で、世界最大級のかんきつ類です。大きなものは、2kgをこえます。熊本県の特産品です。

サクラジマコミカン
鹿児島県の特産品で、世界でいちばん小さなミカンです。1本の木から、2万こ以上も収かくした記録もあります。

現在、日本で食べられているリンゴは、セイヨウリンゴといい、明治以降にアメリカから伝わったものです。中国から伝わったワリンゴとは別の種類です。

■ トマト

南アメリカ原産のナス科の植物です。日本には、江戸時代に伝わりましたが、現在のように、よく食べられるようになったのは、第2次世界大戦後です。

世界最大の果実と種!?

地球上には、このページにおさまりきらないほど、大きな果実や種があります。

（実際の約15%の大きさです。）

ジャックフルーツ

インド原産のパラミツというクワ科の植物の実で、世界最大の果実といわれています。長さは最大で約70cm、重さは約40kgにもなります。小さな果実が集まったもの（集合果）です。

世界最大

写真：Newscom アフロ

オオミヤシ

インド洋セーシェル諸島に生えるヤシのなかまで、世界最大の種をつけます。長さは約35cm、重さは20kgになるものもあります。

世界最大

写真：オアシス

■ マメ

世界各地で、古くから食料として栽培されてきました。ダイズの原産地は中国で、縄文～弥生時代に日本に伝わったといわれています。

ダイズ

にて食べたり、豆腐や納豆に加工されたりとさまざまに利用されています。

モダマ

屋久島以南のアジアや太平洋諸島に分布しています。マメの入ったさやは、長さ1m以上にもなります。

■ 松ぼっくり

マツのなかまの果実です。かさが開いて、種子を放出すると、地面に落ちます。

カラマツ

クロマツ

サトウマツ

松ぼっくりは、50cm以上になるものもあります。北アメリカ大陸で見られる木です。

撮影：亀田龍吉

オス(♂)とメス(♀)
―同じ種なのに!?

わたしたち人間に男女があるように、
生き物にも、オスとメスがあります。同じ種なのに、
オスとメスが、ずいぶんとちがっているものもいます。
生き物のオスとメスをくらべてみましょう。

生き物たちをくらべてみよう!

バビルーサ

イノシシのなかまです。オスには、発達した4本のきばがあり、上のきばは、上あごをつきぬきてのびます。このきばを使って、オスどうしで戦います。メスには、きばがありません。

イッカク

北極海にすむクジラのなかまです。歯は上あごに前歯が2本しかありません。オスは成長すると、左側の前歯がのび、きばになります。その長さは3m近くになります。

ミナミゾウアザラシ

オスの体長は最大で5.8m、メスは3mと大きさがずいぶんちがいます。体重でも、オスは約5t、メスは400～800kgです。また、おとなのオスの鼻は大きく発達して、ゾウのようにたれ下がります。→p.59

シタツンガ

アフリカにすむウシのなかまです。太くまいた角は、オスだけに生えます。毛の色も、おとなのオスがチョコレートのような色なのに対し、メスは明るいくり色をしています。

オランウータン

おとなのオスは、目の周りにしぼうでできたふくらみ(ほおだこ)が発達します。長いあごひげや、大きなのどぶくろもオスの特ちょうで、体もメスより大きいです。

マントヒヒ

おとなのオスは、頭の周りや肩の毛が、長くのび、まるで、りっぱなマントを着ているようになります。ライオンのたてがみと同じように、メスへのアピールです。

  世界最大の貝類であるオオシャコガイ(→p.8)は、ひとつの貝が、オスとメス両方の特ちょうをもっています。これを「雌雄同体」といいます。

コブダイ

オスは、年を取るにつれて、ひたいと下あごがはり出してきて、こぶのようになります。この大きなこぶは、主にしぼうでできています。昔は、オスとメスが別々の種とかんちがいされていました。

ビワアンコウ

ビワアンコウのなかまのオスは、メスにくらべて、とても小さく、メスにかみついて、寄生します。すると、メスの体と一体化して、メスから栄養をもらいます。ひれや目などは退化してしまいます。

サケ

ふだんは銀色ですが、はんしょくする時期になると、オスもメスも、体の色が変わります。これを「婚姻色」といいます。オスは、上あごがのびて大きく曲がり、「鼻曲がり」といわれます。

オシドリ

オスは、はんしょくの季節に、きれいな羽毛になります。仲のよい夫婦のことを、「おしどり夫婦」といいますが、この鳥のオスとメスがいつもいっしょにいるようすからたとえられました。しかし、実際は、オシドリのつがいの相手は毎年変わります。

シオマネキ

オスは、かたほうのはさみがとても大きくなっています。「ウェイビング」といい、このはさみをふって、メスに求愛します。シオマネキの種類によって、はさみのふり方はちがいます。

オオミノガ

幼虫は「みのむし」とよばれ、みのをつくってくらします。メスは、成虫になっても、はねやあしが、退化していてありません。みのから出ないまま、交尾して産卵します。

オスからメスへ変身！？

クマノミのなかまは、体の大きな1ぴきのメスがボスになり、数ひきのオスと幼魚が群れをつくってくらしています。もし、このメスが、死んでしまったり、いなくなったりすると、群れの中の体の大きなオスが、メスに変わります。ぎゃくに、ブダイやベラのなかまには、メスからオスに変わるものがいます。

写真：アフロ

赤ちゃん－この子はだれの子!?

動物の赤ちゃんには、生まれたときから、
親とそっくりなものがいると思えば、
生まれたときには、親と色やもようがちがうものもいます。
いろいろな動物の赤ちゃんをくらべてみましょう。

■ベビー服を着た赤ちゃん

生まれたときは、親とちがう色やもようをしている赤ちゃんがいます。てきに見つからないように、周りと同じような色をしていたり、周りのおとなたちにかわいがってもらえるようにアピールしたりしています。

チーター

赤ちゃんは、ふつう4頭生まれます。生まれたばかりの赤ちゃんには、はい色のたてがみがあります。このたてがみは、生まれてから3か月ぐらいでなくなります。→p.50

アビシニアコロブス

写真：アフロ

アフリカの森林にすむサルです。親のもようは白黒ですが、赤ちゃんのときはまっ白です。成長とともに黒い毛がふえ、3〜4か月でおとなと同じようなもようになります。母親だけでなく、ほかのメスもいっしょに子育てをします。

イノシシ

ふつういちどに3〜8頭生まれてきます。生まれたばかりの赤ちゃんは、「うりぼう」とよばれ、ウリのようなしまもようがあります。生まれてから4〜5か月たつと、親と同じもように変わります。

©Ida toshiaki/Nature Production/amanaimages

アメリカバイソン

北アメリカの草原にすむウシのなかまで、バッファローともよばれます。赤ちゃんは、いちどに1頭生まれてきます。毛色は明るい茶色で、角も生えていません。

©minakuchi hiroya/Nature Production/amanaimages

カリフォルニアアシカ

冷たい水中で体温がにげないように、親には、あつい皮下しぼうがありますが、生まれたばかりの赤ちゃんには、まだありません。新生児毛という、やわらかい毛で体温がにげないようにしています。→p.56

タテゴトアザラシ

北極海や北大西洋にすみ、氷の上で子どもを産みます。生まれたばかりの赤ちゃんは、てきに見つからないよう白い毛でおおわれています。生まれてから2〜3週間で、親と同じ色に変わります。

写真：アフロ

写真：オアシス

 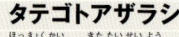 コアラやカンガルーのように、きょくたんに小さな子どもを産んで、おなかにあるふくろで子育てするなかまを、「有袋類」といいます。

■おとなの「しるし」がない?

親にある体の特ちょうが、生まれたときにはなかったり、みじゅくだったりします。

シロサイ

いちどに1頭の赤ちゃんが生まれます。生まれてすぐに立ち上がり、歩くことができますが、角はほとんどありません。3歳ぐらいまで、母親といっしょにくらします。→p.44

写真：オアシス

写真：アフロ

タイセイヨウマダライルカ

体のまだらもようは、生まれたときにはありません。4年ぐらいたつと、まだらもようが出てきて、成長とともにふえていきます。

©Nature Picture Library/Nature Production/amanaimages

フタコブラクダ

背中のこぶには、食べ物が少ないときのために、しぼうがたくわえられています。生まれたときは、まだしぼうがたくわえられていないので、こぶは小さく、成長するにつれて、大きくなっていきます。

昆虫も子どものすがたで生まれる!?

ほ乳類以外は、卵から生まれるのがふつうですが、なかには、子どものすがたで生まれてくるものもいます。アブラムシのなかまには、春から夏の間、メスだけで繁殖して、幼虫を産むものがいます。

写真：オアシス

■きょくたんに小さな赤ちゃん

親の大きさにくらべ、きょくたんに小さな赤ちゃんで、なかには、生まれてからも母親のおなかのふくろで育つものもいます。

写真：Alamy/アフロ

アナウサギ

生まれたばかりの赤ちゃんには、毛がなく、目も開いていません。巣あなの中で、守られて育ちます。世界中で飼われている飼いウサギは、アナウサギを家ちくにしたものです。

ジャイアントパンダ

1〜2頭の赤ちゃんを産みます。150日ぐらいおなかの中にいますが、生まれたときの体重は100〜150gしかなく、目も見えず、歩くこともできません。母親とすごしますが、1年ぐらいで、親ばなれします。→p.48

アカカンガルー

生まれたばかりの赤ちゃん（右下）の大きさは2〜3cm、体重約1gしかありませんが、自分の力でよじ上り、親のおなかのふくろの中にあるおっぱいにすいつきます。そのまま約8か月ふくろの中で育ちます（下）。→p.46

©Katherine Feng/Minden Pictures/amanaimages

写真：オアシス

写真：オアシス

ほ乳類の中で、カモノハシとハリモグラのなかまだけが、卵を産みます。

びっくり卵 ―ダチョウの卵で目玉焼き!?

卵焼き、目玉焼き、いろいろな卵料理がありますね。
さて、世界最大の卵、ダチョウの卵で
目玉焼きをつくってみたらどうなるでしょうか？
（ほぼ実際の大きさです。）

撮影協力：ダチョウ王国
撮影：亀田龍吉

ニワトリの卵

ニワトリは、東南アジアにすむセキショクヤケイを家ちくにして、品種改良したものです。1年間に230〜280この卵を産みます。

■ ダチョウの卵

世界最大

世界最大の卵です。大きなものは、長さ20cm以上、重さは1.6kg以上にもなります。ニワトリの卵にすると、20こ分以上。野生では、1羽のオスが3〜5羽のメスとくらし、1羽のメスが4〜8この卵を産みます。ひとつの巣の卵は、ときには60こになります。昼はメスが卵をだき、夜はオスに交代します。→p.51

トラザメの卵

バネのようなもので、海そうにからみつきます。サメのなかまには、メスの体の中で卵をふ化させて、子どもを産むものもいます。

写真：Blickwinkel/アフロ

ソデイカの卵かい

数万こもの卵がゼラチン質につつまれた大きなかたまりです。あちこちに産み落とされ、海の表層付近をただよいます。

写真：オアシス

マンリョウウミウシの卵

細長いリボンのようなものの中に、小さな卵のつぶがたくさん入っています。ウミウシの卵は形も色も種類によってさまざまです。

©nakano seishi/
Nature Production /amanaimages

ダチョウの卵はおとなが乗ってもわれません。食べるときには、かなづちでわります。目玉焼きにすると、白身が完全には固まらず、ゼリーザです。

©imamori mitsuhiko/
Nature Production /amanaimages

エピオルニスの卵の化石

高さは約30cmと、ダチョウの卵の1.5倍です。エピオルニスは17世紀に絶滅したマダガスカルの鳥で、背の高さは3m、体重は450kgもありました。

スクミリンゴガイの卵

（写真は実際の大きさ）
直径2mmほどのピンク色の卵のつぶが集まり、ブドウのふさのようになっています。スクミリンゴガイは水田などにすむまき貝で、ジャンボタニシともよばれます。水上にのびた植物のくきに卵を産みます。

ナナフシモドキ（ナナフシ）の卵

ナナフシのなかまの卵は、ふたのついた植物の種のような形をしています。ふたが開いて幼虫（写真）がふ化します。

32℃前後

メス　オス　あついわ～ メス

温度によって、オスになる!?

ワニのなかまは、卵がふ化するときの温度で、オスかメスかが決まります。ジョンストンワニは、温度が32℃前後でふ化するとオスに、それより高かったり低かったりするとメスになります。

■卵の大きさくらべ
（実際の大きさ）

ダチョウの卵
（たて約20cm）

エミューの卵
（たて約15cm）

コウテイペンギンの卵
（たて約12cm）
→p.50

イリエワニの卵
（たて約8cm）

ニワトリの卵
（たて約6cm）

アオウミガメの卵
（たて約4cm）
→p.56

カモノハシの卵
（たて約1.7cm）

ハチドリのなかまの卵
（たて約1cm）

卵の数 — 日本の人口より多い！？

生き物の中には、数えきれないほど、多くの卵を産むものもいます。
いろいろな生き物の卵の数をくらべてみましょう。

■サンゴの産卵

写真は、サンゴの産卵のようすです。じつは、よく「サンゴの産卵」といわれますが、卵を産んでいるわけではなく、卵と精子の入ったカプセルのようなものを放出しているのです。時期を合わせたように、夏の満月のころに、たくさんのサンゴがいっせいに放出します。満月のころは、大潮といい、潮の満ち引きがいちばん大きいので、遠くまで、カプセルを流せるからだといわれています。

©Brandon Cole/
amanaimages

タカアシガニ
（85万～135万この卵）
あしを広げると3mをこえるタカアシガニですが、卵の大きさは0.8mmぐらいしかありません。ふ化するまでの約3か月間、メスが卵をかかえます。

ミツバチのなかま
（約60万この卵）
1ぴきの女王バチと数万びきの働きバチでくらします。どちらもメスですが、卵を産むのは、女王バチだけです。

ミナミマグロ
（1,400万～1,500万この卵）
とても大きなマグロですが、卵は1mmぐらいしかなく、メダカの卵より小さいです。ミナミマグロが卵を産む場所は、インドネシアのジャワ島の周りです。

マダコ
（約15万この卵）
石のかげなどにぶら下がっている卵のう（卵が入ったふくろ）は、フジの花に似ていることから「海藤花」とよばれます。

ウシガエル
（6,000～2万この卵）
日本では、大正時代にアメリカから食用に輸入されたものが、野生化しました。卵は、ゼリー状のものに包まれています。

ヒラメ
（45万～1,000万この卵）
目は、生まれたときには、ほかの魚と同じ位置にありますが、成長とともに、右目が左側に移動します。水深20～50mの岸の近くで卵を産みます。

メカジキ
（約1,600万この卵）
卵は、海の中にばらまかれます。インド洋では、赤道近くの海で、3日に1度ずつ、7か月間、卵を産み続けるといわれています。

タカアシガニ

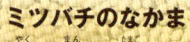

（国立天文台編『理科年表 平成28年』、平井明夫著『魚の卵のはなし』ほか）

ほ乳類は、一度に産む子どもの数が多いほど、おっぱいの数がたくさんあります。

そのほかの生き物の卵の数

- チョウザメ ……………………… 80万〜240万こ
  （高級食材「キャビア」として食べられます）
- スケトウダラ ……………………… 100万〜200万こ
  （「タラコ」として食べられます）
- ニシン ……………………… 3万〜10万こ
  （「数の子」として食べられます）
- キンギョ ……………………… 3,000〜1万4,000こ
- サケ ……………………… 2,000〜3,000こ
  （「イクラ」「筋子」として食べられます）
- ワモンゴキブリ ……………………… 200〜1,000こ
- モンシロチョウ ……………………… 200〜500こ
- アオウミガメ ……………………… 32〜166こ
- イリエワニ ……………………… 60〜80こ
- メダカ ……………………… 2〜50こ

写真：オアシス

海藤花とよばれる
マダコの卵のう

※卵の数を円で表しています。

日本の人口
（約1億2,710万人
2015年12月1日現在）
（総務省統計局「人口推計」）

ホタテガイ
（1億〜2億この卵）
卵の大きさは、0.06mm
ぐらいしかありません。
3年ぐらいで約9cmになります。
ほとんどは、小さいうちに、ヒト
デなどに食べられてしまいます。

マンボウ
（約3億この卵）
一度に産むのは、数千万ことも
いわれていますが、メスの体の中には
2億〜3億この卵があります。日本の
人口の2倍以上の兄弟がいることにな
ります。卵は、海の中をただよい、ほ
とんどはほかの魚などに食べられてし
まいます。おとなになれるのは、1〜
2ひきしかいないといわれています。

メカジキ

食用にするサケの卵のよび方は、卵巣のままだと「筋子」、ばらばらにすると「イクラ」です。

食べる—お米45kg分の食事!?

いろいろな生き物が1日に食べる量は、
体重のどれくらいの割合になるでしょうか。
そして、その割合で人間がお米を食べるとしたら・・・
いったいどれくらいの量になるか、くらべてみましょう。

ホバリングで、
花のみつをすう
ハチドリのなかま

写真：PPS通信社

人間（8～9歳）／体重（約30kg）の約1.5%

1日に必要とされているエネルギーは、1,800～1,950kcalです。お米の量（1g＝4kcal）にすると、450～488gで、計量カップで3ばい分（3合）になります。たくと、お茶わん7はい分ぐらいのご飯ができます。

ハチドリのなかま／体重（2～20g）の1.5倍以上

ホバリングといい、空中で静止して、花のみつをすいます。この飛び方は、エネルギーをたくさん使うので、1日に体重の1.5倍以上もみつが必要になります。もしも小学生が1日に体重の1.5倍のお米を食べると、45kgにもなります。たくと、お茶わん660ばい分のごはんができます。

トガリネズミのなかま／体重（1.5～1.8g）とほぼ同じ

主に、ミミズやクモ、昆虫などを食べます。よく動き、たくさんのエネルギーを必要とするので、いつも何かを食べなければ生きていけません。1日に食べる量は、自分の体重と同じくらいです。も

世界最小のほ乳類のひとつ、トウキョウトガリネズミ。北海道の草原などにすんでいます。しも小学生が1日に体重とほぼ同じ量のお米を食べると、30kgになります。

オットセイ／体重（オス180～280kg、メス30～50kg）の約14%

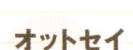

魚やイカなどを食べています。体重の14%ぐらいの食べ物が必要といわれていますが、皮下しぼうがあるので、長い間、食べなくてもたえられます。もしも小学生が1日に体重の14%の量のお米を食べるとしたら、4.2kg、1しょう（10合）のますで約3ばい分になります。

イカやタコが好物のニュージーランドオットセイ

写真：アフロ

マメハチドリが活動しているときの体温は約41℃ですが、ねむっているときは約25℃にまで下げてエネルギーの消費を少なくしています。

コアラ／体重（オス 約12kg、メス 約8kg）の4～6%

1日にオスでおよそ480～720gのユーカリの葉を食べます。ユーカリの葉には毒があります。特に、若葉は、コアラにとっても毒が強いため、成長した葉を食べています。もしも小学生が1日に体重の6%の量のお米を食べるとしたら、1.8kg、およそ1しょうのます1ぱい分になります。

動物園では、えさの時間のたびに新しいユーカリの葉に取りかえます。えさ代がとてもかかります。

©komiya teruyuki/
Nature Production / amanaimages

食べなくても平気？

深海にすむダイオウグソクムシ（→p.59）は、約40cmもの大きさになりますが、その大きな体にもかかわらず、長い間、空腹にたえることができます。鳥羽水族館（三重県）で飼育していたダイオウグソクムシの中には、5年以上えさを食べずに、生きたものがいました。深海では、海底にしずんできた魚やクジラの死がいなどを食べています。

5年以上何も食べずに生きた鳥羽水族館のダイオウグソクムシ

写真提供：鳥羽水族館

ライオン／体重（オス150～250kg、メス120～180kg)の3～4%

群れで協力して、50～500kgのえものをねらいます。1頭当たり、120kgのえものを、1年間に20頭ぐらい食べているようです。もしも小学生が1日に体重の3～4%の量のお米を食べるとしたら、およそ900～1,200g（6～8合）になります。

エビに似た甲殻類のオキアミ。シロナガスクジラは海水ごと口に入れ、オキアミをこしとって食べます。

写真：オアシス

シロナガスクジラ／体重（100～120t）の3～4%

主食は、体長1～5cmほどのオキアミです。1日に体重の3～4%しか食べませんが、体重が100t以上もあるので、1日当たり、3～5tもの量になってしまいます。もしも小学生が1日に体重の3～4%の量のお米を食べるとしたら、およそ900～1,200g（6～8合）になります。

アジアゾウ／体重（約4t）の約2%

動物園のアジアゾウは、1日3～4回、えさを食べています。たくさん食べるのは夕方で、朝や昼は軽く食べます。食べ物としては、青草やモウソウダケ、わら、かんそうさせた草、栄養剤の入った固形飼料などで、1日におよそ78kgも食べます。もしも小学生が1日に体重の2%の量のお米を食べるとしたら、およそ600g（4合）になります。

アジアゾウの1日の食べ物

バナナ（3kg）
固形飼料（4kg）
食パン（1kg）
かんそうさせた草（6kg）
わら（10kg）
モウソウダケ（10kg）
青草（44kg）

アジアゾウの夕食

写真：オアシス

ホフマンナマケモノ／体重（4～8kg）の0.1～0.2%

1日あたり、木の葉や果実などを7～8gしか食べません。1日のうちのほとんどを、木にぶら下がってねむっています。もしも小学生が1日に体重の0.1%～0.2%の量のお米を食べるとしたら、およそ30～60gになり、おにぎり1こ分ぐらいにあたります。

ねむるホフマンナマケモノ

写真：PPS通信社

歯－人の顔より大きな歯!?

生き物たちをくらべてみよう！

わたしたちは、毎日、何かを食べています。
歯で、かみ切ったり、かみくだいたり…。
手や足と同じように、毎日使う、
たいせつな歯。わたしたちの歯と、
いろいろな動物の歯をくらべてみましょう。
（ほぼ実際の大きさです。）

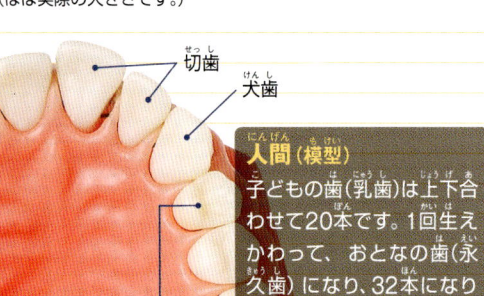

切歯
犬歯
臼歯

写真：アフロ

人間（模型）
子どもの歯（乳歯）は上下合わせて20本です。1回生えかわって、おとなの歯（永久歯）になり、32本になります。左右同じ形です。

サルのなかま
（カニクイザル）
人間によく似た歯をもっています。カニクイザルは、木の実や葉、昆虫やカニなどを食べます。

生えかわり続ける歯
のび続ける歯

サメのなかまは、歯の後ろに、次に使う歯が何列もならんでいます。今使っている歯がぬけると、次の歯が前におし出されてきます。2～3日ごとに生えかわるようです。ネズミのなかまや、ウサギのなかまなどの切歯は、一生のび続けます。

オオメジロザメの歯

写真：ロイター／アフロ

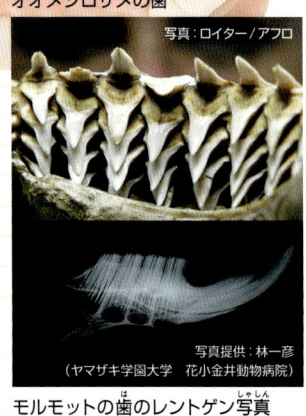

写真提供：林一彦
（ヤマザキ学園大学　花小金井動物病院）
モルモットの歯のレントゲン写真

撮影協力：日本大学松戸歯学部／撮影：相田章（スタジオエーツー）

■ 雑食動物の歯
動物性の食べ物も植物性の食べ物も食べるので、歯の形は肉食動物と草食動物の両方の特ちょうをもっています。

ブタ
歯の数は全部で44本あり、人間の歯より多く、かむ力も強いです。
→p.40

■ 肉食動物の歯
えものをとらえるために、犬歯がよく発達しています。奥歯は、肉をさいたり、骨をくだいたりするのに使います。かまずに丸飲みします。

犬歯

ネコ
上あごに16本、下あごに14本の合計30本の歯をもちます。ライオンやトラなども、同じような歯をもっています。→p.50

アリクイやセンザンコウなどには、歯がまったくありません。

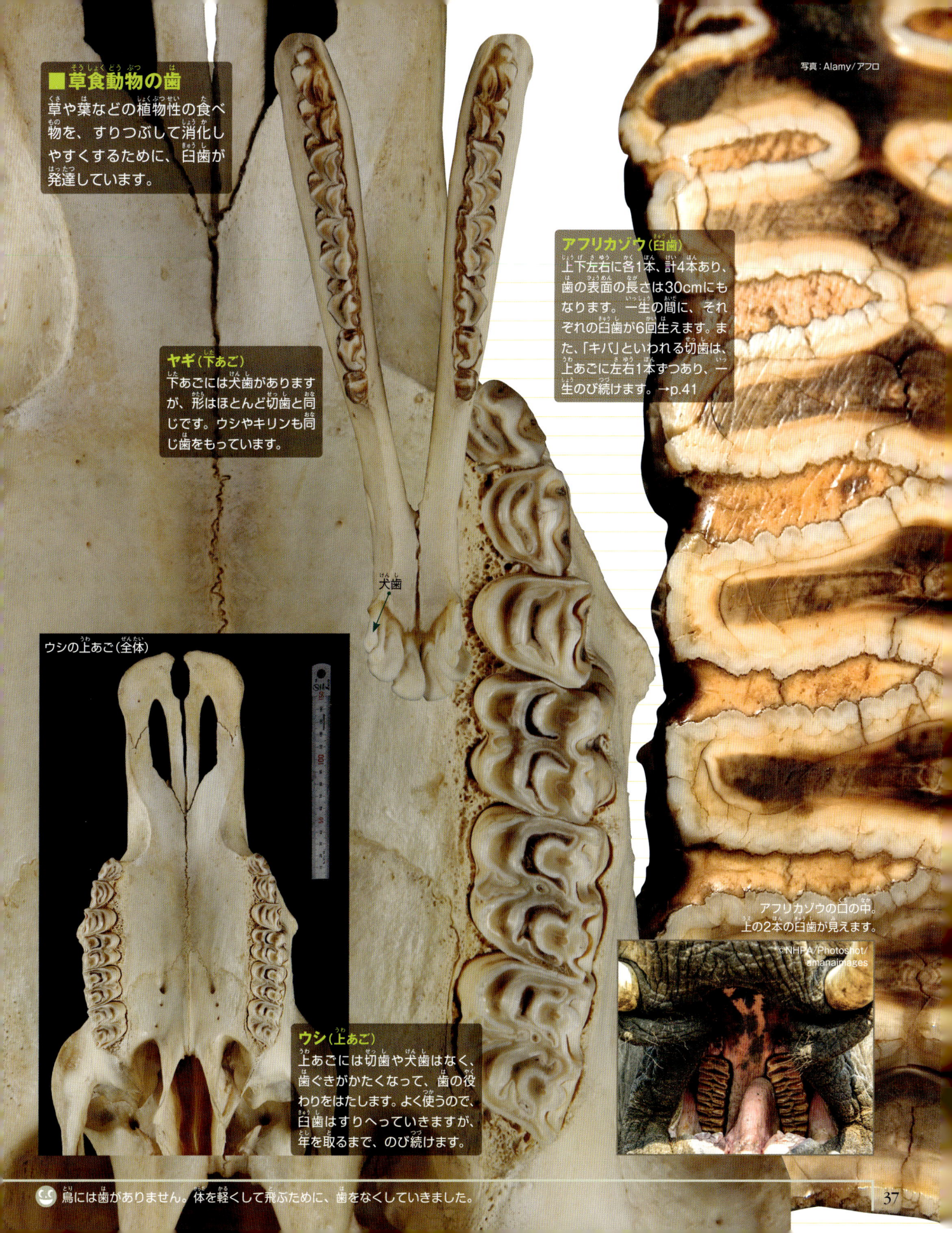

■草食動物の歯

草や葉などの植物性の食べ物を、すりつぶして消化しやすくするために、臼歯が発達しています。

アフリカゾウ（臼歯）
上下左右に各1本、計4本あり、歯の表面の長さは30cmにもなります。一生の間に、それぞれの臼歯が6回生えます。また、「キバ」といわれる切歯は、上あごに左右1本ずつあり、一生のび続けます。→p.41

ヤギ（下あご）
下あごには犬歯がありますが、形はほとんど切歯と同じです。ウシやキリンも同じ歯をもっています。

犬歯

ウシの上あご（全体）

アフリカゾウの口の中。上の2本の臼歯が見えます。

ウシ（上あご）
上あごには切歯や犬歯はなく、歯ぐきがかたくなって、歯の役わりをはたします。よく使うので、臼歯はすりへっていきますが、年を取るまで、のび続けます。

鳥には歯がありません。体を軽くして飛ぶために、歯をなくしていきました。

目－見つめ合ったら…

大きな目、細い目、たれ目、つり目……。
目は人それぞれちがいます。
人間以外の生き物の目はどうでしょうか。
形はもちろん、色も、目の数もさまざまです。
生き物たちの目をくらべてみましょう。

目玉もようで変身!?

スズメガのなかまのビロードスズメの
幼虫には、大きな目玉のようなもよう
があり、まるでヘビのように見えます。
ほかにも、チョウやガのなかまには、
体に目玉もようのあるものがいます。
これは、鳥などのてきをおどろかして、
身を守るためだと考えられています。

©fujimaru atsuo/
Nature Production/amanaimages

ビロードスズメの幼虫

■ひとみの形がいろいろ

写真：オアシス

ボルネオメガネザル
目はとても大きく、ひとみは円形です。
夜行性で、少しの光でもよく見えます。

写真：アフロ

ネコ
明るい場所では、ひとみが細くたて長です。
夜や暗い場所ではひとみが円く広がります。

©masuda/a-dokin/Nature Production/
amanaimages

ビッグホーン（オオツノヒツジ）
ひとみは横に長く、広いはんいが見えます。
ウマやラクダなども同じような形です。

©TOSHIMITSU MATSUHASHI/SEBUN PHOTO/
amanaimages

ナミエガエル
沖縄島にすむカエルです。
ひとみの形は、ひし形です。

©Kim Taylor/naturepl.com/amanaimages

トッケイヤモリ
明るい場所では、たて長でぎざぎざのひとみで、
夜や暗い場所ではひとみが広がります。

©moodboard/
amanaimages

コウイカ
横に長い
U字形のひとみです。
イカはとても目がよいといわれています。

■色もいろいろ

写真：オアシス

サンコウチョウ
「月、日、星」と鳴くので、
三光鳥と名づけられました。
青い目をしています。

写真：オアシス

キンクロハジロ
名前の「キン」は、黄色い目を
「金」に見立てています。
冬鳥として日本にやってきます。

人間が一目で見ることのできるはんいは、左右200度ぐらいですが、ウマは350度、カエルは360度のはんいを見ることができるといわれています。

■目がたくさん!?

写真：アフロ

ハエトリグモのなかま
クモのなかまは、
8つの単眼をもつものが多く、
前向きに4つ、上向きに4つあります。

写真：オアシス

ホタテガイ
たくさんある青い点が眼点という、
光を感じる場所で、80こ以上もあります。

ミヤマアカネ
個眼という小さな目がたくさん集まって
複眼になっています。トンボのなかまでは、
2万こ以上の個眼が
集まっています。

写真：アフロ

■ふしぎな目

写真：オアシス　写真：アフロ

モンハナシャコ
シャコのなかまで、人間には
見ることのできない光や色も見えます。

写真：オアシス

シュモクバエのなかま
マレーシアなど、熱帯地方にすむハエです。
左右にのびたぼうの先に複眼があります。

ジャクソンカメレオン
左右の目で、ちがう方向を
見ることができます。
ぐるっと回して後ろも見られます。

©ito katsutoshi/nature pro./amanaimages

マガキガイ
食用にしたり観賞用に
かわれたりするまき貝のなかまです。
飛び出した柄の先に目があります。

©uchiyama ryu/nature pro./amanaimages

ヨツメウオ
南アメリカの
ブラジルなどにすんでいる魚で、
水上と水中を同時に見ることができます。

ホシハジロ
オスの目が赤いのが特ちょうです。
日本にもやってくる冬鳥で、
公園の池など身近な場所で
見られます。

写真：オアシス

写真：アフロ

カワウ
本州や九州に一年中すむ鳥で、
都会でもよく見られます。
目の色は、エメラルドグリーンです。

はちゅう類や鳥などには、まぶたと目の間に「瞬膜」とよばれるうすいまくがあり、水にもぐるときなど、このまくで目を守ります。

鼻—くんくんくん…

長い鼻、花びらのような鼻、たれ下がった鼻、
いろいろな鼻があります。
形だけではなく、使い方もさまざまです。
いろいろな生き物の鼻をくらべてみましょう。

©Visuals Unlimited／amanaimages

ホシバナモグラの鼻。先たんに、22本のと
っきが花びらのようにならんでいます。この
とっきは、とてもびん感で、土の中や水中の
昆虫やミミズをさがすのに役立っています。

キーウィ

ニュージーランドにすむ、飛べない
鳥です。長いくちばしの先に鼻があり
ます。地面にくちばしをさして、にお
いでミミズなどをさがします。

テングコウモリ

こちらは、コウモリの「天狗」。
チューブのようにつき出た鼻の
あなが、特ちょうです。日本に
もすんでいます。

テングザル

「天狗」の名前のとおり、大きな鼻を
しています。オスでは、10cmもたれ
下がることがあります。オスの大きな
鼻は、メスへのアピールです。

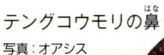

テングコウモリの鼻
写真：オアシス

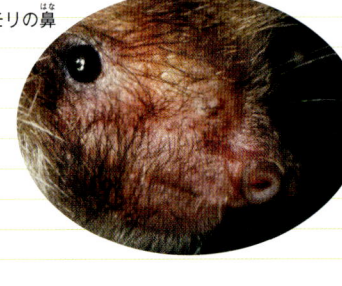

ミユビハリモグラ

ニューギニアの熱帯雨林にすんでいま
す。長い鼻づらの中には、長いしたが
あります。キーウィと同じように、ミ
ミズが主食です。

ブタ

イノシシを家ちくにしたものです。き
ゅう覚がすぐれているのは、イノシシ
ゆずりです。高級食材のトリュフ（キノ
コの1種）をさがすのに、メスのきゅう
覚を利用することがあります。→p.50

サイガ

中央アジアのかわいた草原などにすんでいます。
かんそうした空気を、長くて大きな鼻の中で温め
て、しめり気をあたえてからすいこみます。まる
で加湿器のような役わりをする鼻です。→p.50

ラクダは、すなあらしなどのときにすなが入らないように、鼻のあなをぴたりと、とじることができます。また、鼻のあなをとじることで、はく息にふくまれている水分をきゅうしゅうすることもできます。ほかにも、カバやカピバラなど、水中を泳いだり歩いたりできる動物も、鼻のあなをとじることができます。

鼻のあなをとじるのは、さばくで生きていくためです。

写真:アフロ

アフリカゾウ

この長い鼻は、鼻と上くちびるがいっしょにのびたものです。骨はなく、筋肉でできているので、自由自在に動かすことができます。→p.47

ねんまく→

ズキンアザラシ

北極海など寒い海でくらします。オスは、鼻のあなの内側のねんまくをふくらませて、メスへの求愛行動をします。

バク

のびちぢみをする鼻で、えだや葉をたぐりよせたり、鼻を曲げて、周りのにおいをかいだりします。この鼻は、ゾウと同じように、鼻と上くちびるがいっしょにのびたものです。

耳－聞き耳立てて‥‥

大きな耳、小さな耳、いろいろな耳があります。
同じなかまどうしなのに、形がちがっていたり、
ちがうなかまなのに、似たような形だったり‥‥。
すんでいる環境などによって、いろいろな耳があるのです。
くらべてみましょう。

写真：オアシス

ウシガエル

耳たぶなどはなく、目の後ろにこまくがむき出しになっています。こまくのしんどうを感じ取り、声や音を聞き分けます。オスのほうがこまくが大きいです。

イルカやクジラはどうやって音を聞く!?

写真：オアシス

水中で生活するイルカやクジラは、なめらかで、でっぱりが少なく、水のていこうが小さな体形をしています。耳のはり出した部分（耳介）もなく、あな（外耳道）もとちゅうでふさがってしまっています。
それでは、どうやって音を聞いているのでしょうか。イルカやクジラは、音のしんどうを下あごで受け止め、それをしぼうでできた特殊な器官を通して、耳に伝えています。

矢印の部分が耳のあな

ふさ毛

カラカル

トルコ語で「黒い耳」という意味の名前です。ネコのなかまですが、耳の先には、キタリスのようなふさ毛があります。

ステップナキウサギ

ウサギのなかまですが、小さな円い形をした耳です。西アジアの草原などにすみ、地面にあなをほって、巣をつくります。

アカネズミ

主に、森林などの地上で活動します。てきから身を守るため、周りの音がよく聞こえるよう、耳が発達しています。

キタリス（エゾリス）

冬には、耳の先に3cm以上のふさ毛が生えます。

ふさ毛

ウサギコウモリ

耳の長さは、体長とほぼ同じくらいになります。耳の前の出っぱりには、音をうまく集める働きがあります。

ヤマネ

ネズミのなかまで、主に木の上で活動します。大きな目のわりに小さな耳で、頭の横にあります。

出っぱり

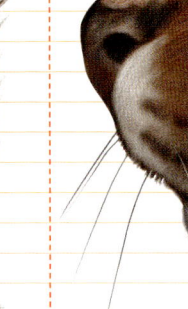

ミミナガヤギ

パキスタンなどでかわれている家ちくです。30〜40cmもあるたれ下がった長い耳が特ちょうです。体の熱をにがし、体温を調節するのに役立っています。

ケープノウサギ

ウサギのなかまの特ちょうである長い耳は、周りをけいかいするためです。また、走っているときなどに、熱をにがして、体温を下げる働きもあります。

フェネック

世界でいちばん小さなキツネで、さばくにすんでいます。体長は大きなもので40cmぐらいですが、大きな耳は、15cmにもなり、体の熱をにがすのに役立っています。

©komiya teruyuki/nature pro./amanaimages

42/43

角 —つき合わせたら、ちがいがわかる!?

おこっている人のことを、「角が生えている」といいます。
おこっているわけではありませんが、角をもつ動物は、たくさんいます。
角には、いったい、どんなちがいがあるのでしょうか?
いろいろな角をくらべてみましょう。

角のようなとっきをもつツノゼミのなかま。種類によって、さまざまな形をしています。世界中で3,000種以上も発見されています。

サイのなかま（シロサイ）

角は、頭ではなく、鼻の上、顔のまん中に生えています。また、骨ではなく、つめやかみの毛と似たような、ケラチンというタンパク質のせんいからできていて、つめやかみの毛のように、一生のび続けます。アフリカにすむシロサイの角で最も長いものは、小学6年生女子の平均身長（約147cm）よりも長く、160cmもあります。

カタツムリ

「角」とよばれるものは、触角です。大きなほうの触角の先には、目があり、小さな触角では、においや味を感じます。

インドサイとジャワサイには、2本目の角はありません。→

ジャクソンカメレオン

アフリカのケニアやタンザニアなどにすむカメレオンです。オスの頭部には、3本の角のようなとっきがあります。メスにも角がありますが、オスのようには発達しません。

シカのなかま（ヘラジカ）

ほとんどのシカのなかまは、オスにだけ角があります。りっぱな角は、メスへのアピールのためです。毎年、古い角がぬけ落ちて、新しい角に生えかわりますが、生えはじめた角は皮ふにおおわれていて、血が通っています。血液が、角の成長のための養分を運ぶのです。角が完全に成長すると、血が通わなくなり、皮ふがはがれ落ちます。ヘラジカの角は、最も長いもので205cmもあります。

→p.51

角は何本!?

ほ乳類の角は、2本のものがほとんどですが、インドの森林などにすむヨツヅノレイヨウのオスには、4本の角があります。また、ジャコブヒツジという家ちくには、2本以上の角が生えるものがいます。

写真：アフロ

ヨツヅノレイヨウ（左）とジャコブヒツジ（上）

オアシス

こぶのような角

キリンのなかま（キリン）

多くの動物の角は、成長とともに生えはじめますが、キリンは、生まれたときから角があります。また、骨でできた角を皮ふがおおっている、めずらしい角です。おとなになると、2本の角の前に1本、後ろに2本、こぶのような角が生えます。→p.51

カブトムシ

オスには、大きな角と小さな角がありますが、メスには角はありません。この角は、外骨格という、表面をおおうかたいからのようなものが発達したものです。

ウシのなかま（アジアスイギュウ）

多くは、オスにもメスにも角があります。シカのなかまのようにえだ分かれはしませんが、まいたり、ねじれたりします。また、生えかわることはありません。角の中には、頭がい骨の出っぱりがあり、その表面を、ケラチンでできた、さやがおおっています。アジアスイギュウの角は、三日月のような形になっていて、最も長いものでは2mにもなります。

しっぽ－あったらいいな!?

わたしたちには、残念ながら、しっぽはありませんが、背骨をもつ動物（せきつい動物）の多くには、しっぽがあります。ふさふさのしっぽ、うちわのようなしっぽ、変なことに使うしっぽ・・・。いろいろなしっぽをくらべてみましょう。

ビントロング

南アジアや東南アジアにすむジャコウネコのなかまです。大きなしっぽをまきつけて、木からぶら下がることができます。

オナガセンザンコウ

木の上でくらすセンザンコウで、長いしっぽは、木のえだにまきつけることができます。きけんがせまると、しっぽを体にまきつけ、うろこを外側にして丸まり、身を守ります。

クモザルのなかま
（アカクモザル）

しっぽを木にまきつけて体をささえたり、物をつかんだりと、まるでわたしたちの手のように使います。しっぽのうらには、指もんのようなものがあり、すべり止めの働きをします。

カンガルーのなかま
（アカカンガルー）

後ろ足でジャンプするときに、太いしっぽを上下にふって、反動をつけます。また、つっかいぼうのように体をささえるのにも使います。けんかのときは、しっぽだけで体をささえて、後ろ足でキックします。

シカのなかま
（ニホンジカ）

短いしっぽですが、たいせつな役わりがあります。きけんがせまったときには、しっぽを上げて、おしりの周りの白い毛が目立つようにします。周りのなかまへの合図です。

ビーバーのなかま
（アメリカビーバー）

うちわのようなしっぽには、うろこがあります。泳ぐときは、上下に動かしながらスピードを出します。きけんがせまると、しっぽで水面をたたき、周りのなかまに知らせます。

ワオキツネザル

木の上では、しっぽでバランスを取って移動します。地上を歩くときは、しっぽを高く上げて、群れのなかまへの目印にします。

ネコのなかま
（ヒョウ）

しっぽは、走るときに、バランスを取るのに使います。ヒョウは木に登るのが得意で、木の上でねむったり、えものを引き上げて食べたりします。

わたしたち人間や、テナガザルのなかまとオランウータン、ゴリラ、チンパンジー、ボノボには、しっぽがありません。

しっぽを広げて木から
木へ飛ぶニホンリス

ゾウのなかま（アフリカゾウ）

草食動物のしっぽの先には、毛のふさがあります。これをふり回して、ハエやカなどの虫を追いはらいます。→p.50

リスのなかま（ニホンリス）

頭を下にして、木をかけおりるときなどに、しっぽをパラシュートのように広げて、スピードを調整します。ねむるときは、体にしっぽをまきつけて、ふとんのかわりにもします。雨がふったら、頭の上にしっぽをのばして、かさのかわりにも使います。

サイのなかま（インドサイ）

体が大きいので、短く見えますが、しっぽの長さは80cmもあります。しっぽの先には、毛のふさがあり、ハエなどを追いはらいます。

カバのなかま（カバ）

短いしっぽをふり回して、ふんを周りにまき散らします。これは、なわばりに自分の印をつけるためです。
→p.56

クジラやイルカのなかまのしっぽは、尾びれになっていて、上下にふって泳ぎます。

足−何に使う!?

動物の足のうらは、円いもの、細長いものなどいろいろな形があり、また、大きさや、指の数もさまざまです。いろいろな動物の足をくらべてみましょう。

コアラ
前足の第1指（親指）と第2指（人指し指）がほかの指と向かい合うようについていて、えだをしっかりつかみます。

写真：アフロ

©Minden Pictures/Nature Production/amanaimages

ライオン
前足の指は5本で、足のうらには肉球があります。ふだんはかぎづめをひっこめています。→p.51

©Andrew Forsyth/FLPA/amanaimages

出っぱり

ジャイアントパンダ
前足に、骨が発達した出っぱりがあります。「パンダの親指」とよばれ、これで、タケをうまくつかみます。

©Radius Images/amanaimages

ゴリラ
後ろ足の親指も、ほかの指と向き合うようについていて手と同じような形です。そのため、木のえだなどを足でもしっかりつかめます。

ホッキョクグマ
足のうらにも、毛がたくさん生えています。雪や氷の上であたたかく、すべり止めにもなります。

写真：アフロ

写真：アフロ

©NHPA/Photoshot/amanaimages

ラクダ
指は、第3指（中指）と第4指（薬指）の2本です。足のうらの大きな肉球がクッションになり、すなにしずみにくくなっています。→p.50

アシカ
前足も後ろ足も、指の間に水かきがあり、ひれになっていて泳ぐのに役立ちます。

コウモリ

じつは、つばさの中に、指があります。つばさは、皮ふのまくでできています。このまくを、指を使ってぴんとはり、空を飛びます。

©Edwin Giesbers/
Naturepl.com/
amanaimages

イノシシ

第1指（親指）はなく、指は4本です。第3指（中指）と第4指（薬指）で体重をささえ、外側の第2指（人指し指）と第5指（小指）はすべり止めになります。

©komiya teruyuki/
nature pro. amanaimages

ラッコ

前足は短く、肉球があります。貝などを器用に持つことができます。

写真：アフロ

©komiya teruyuki/nature pro
/amanaimages

写真：アフロ

サイ

前足、後ろ足に3本ずつ指があり、まん中の第3指（中指）が大きく、あとの第2指（人指し指）と第4指（薬指）は小さくなっています。

アジアゾウ

足のうらのひびわれは、歩いたり、走ったりするときのすべり止めの役わりをしています。また、人間の指もんと同じように、そのもようは、1頭ごとにちがっています。

©Malcolm Schuyl/
FLPA/Minden Pictures/
amanaimages

モグラ

手首の骨が変化した鎌状骨があり、てのひらの面積が大きくなっていて、土をほるのに便利です。

鎌状骨のある所

©Dave Watts/Nature Production/amanaimages

写真：オアシス

カモノハシ

すべての足に水かきがついています。前足の水かきをおりたたんで、つめを出すこともできます。

シマウマ

指は、第3指（中指）の1本しかありません。ひづめがあり、つま先だけで立っています。

クロサイなどは、右前足と左後ろ足、左前足と右後ろ足というように、前足と後ろ足で反対側の足を前に出して走ります。

©Nature Picture Library/Nature Production/amanaimages

昆虫と競走!?

昆虫などの小さな生き物は、数字上、速度はおそいかもしれません。しかし、体の大きさとくらべて、どれくらい動いたかを考えると、話は変わってきます。わたしたちが、昆虫と同じくらいの大きさ(3cm)になったら、どうなるでしょうか？　いっせいにスタートして、10秒後のきょりをくらべてみましょう。

アリのなかま（0.5m）
小学生（1.2m）
最も速いクモのなかま（5.3m）
最も速いゴキブリのなかま（15m）

キリン
（時速 約56km／10秒で156.3m）
長い首で反動をつけながら、走ります。

アフリカゾウ
（時速 約39km／10秒で108.7m）
すべての足を同時に地面からうかせることはありませんが、人間より速く走ります。

100m走世界記録
（時速 約38km／10秒で104.4m）
※2016年5月現在
2009年世界陸上ベルリンの100m走決勝で、9秒58の世界記録が出ました。

ハイイログマ
（時速 約47km／10秒で129.9m）
北アメリカにすんでいる、ヒグマのなかまです。「グリズリー」ともよばれます。

オオミチバシリ
（時速 約36km／10秒で100.0m）
カッコウのなかまです。走ってえものを追い、めったに飛びません。

クロサイ
（時速 約45km／10秒で125.0m）
アフリカ大陸の南部にすんでいます。角は、一生少しずつのび続けます。

ネコ
（時速 約47km／10秒で129.9m）
古代エジプト時代から、人にかわれてきました。当時は、神聖な生き物とされていました。

100m

走る・飛ぶ②
－トップはだれ?

生き物たちをくらべてみよう!

©MITSUO ANBE
SEBUN PHOTOA
amanaimages

ラクダなどは、左前足と左後ろ足、右前足と右後ろ足というように、同じ側の足をいっしょに前に出して進みます。

アメリカヤマシギ
(時速 約8km／
10秒で22.2m)
最もおそいスピードで飛べる鳥です。求愛行動をするときなどに、この速さで飛びます。

ラクダ
(時速 約32km／
10秒で89.3m)
ヒトコブラクダとフタコブラクダがいます。どちらも家ちくとしてかわれています。

小学生
(時速 約19km／
10秒で52.3m)
9歳の50m走平均
9.56秒(男)／9.93秒(女)
〔文部科学省「平成26年度体力・運動能力調査」〕

ブタ
(時速 約17km／
10秒で48.1m)
イノシシを家ちくにしたものです。イノシシは、ブタの約3倍の速さで走れます。

コウテイペンギン
(時速 約2km／
10秒で5.6m)
地上での歩く速さは、ゆっくりですが、泳ぐのは上手です。→p.58

ナマケモノ
(時速 約0.8km／
10秒で2.2m)
ほとんどの時間を、木にぶら下がってくらします。→p.56

0m

50m

走る・飛ぶ① ーよーい、ドン!!

いろいろな動物や鳥が大集合!
種のかべを乗りこえて、大競走が始まります。
いっせいにスタートしたら、10秒後には、
どの生き物がトップを走っているでしょうか?

生き物たちをくらべてみよう!

アフリカゾウ

アメリカヤマシギ

ツバメ

ハリオアマツバメ

ラクダ

カンガルー

チーター

サイガ

小学生

コウテイ
ペンギン

ブタ

ネコ

100m走
世界記録

50

キリン

ケワタガモ

伝書バト

オオグン
カンドリ

ハヤブサ

競走馬
サラブレッド

ダチョウ

クロサイ

ライオン

競走犬
グレイハウンド

ノウサギ

オオミチ
バシリ

ナマケモノ

ブロング
ホーン

ハイイログマ

ハリオアマツバメ
（時速 約170km／10秒で472.2m）
鳥の中では、最も速く飛ぶことができます。

世界最速

©YUTAKA OHNO/SEBUN PHOTO /amanaimages

オオグンカンドリ
（時速 約153km／
10秒で425.0m）
オスののどには、赤いふくろが
あります。メスに求愛するとき
に、これをふくらませます。

写真：オアシス

伝書バト
（時速 約160km／
10秒で444.4m）
もともとは、手紙などを運ぶための
ハトです。神社などにいるドバトは、
伝書バトなどが野生化したものです。

写真：オアシス

ハヤブサ
（時速 約100km／
10秒で277.8m）
えものをねらって、急降下をす
るときは、時速200km以上、
出るといわれています。

チーター
（時速 約110km／
10秒で305.6m）
世界最速
世界でいちばん速く走る動物で
す。しかし、トップスピードで
長く走り続けることはできませ
ん。短きょりランナーです。

プロングホーン
（時速 約86km／
10秒で238.9m）
長きょりランナーです。
つかれずに、走り続ける
ことができます。

250m

300m

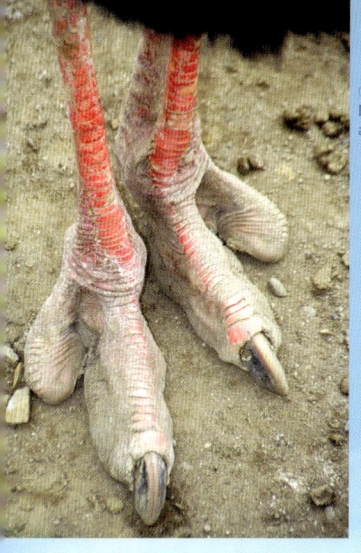

ダチョウの足。鳥類で指が2本なのはダチョウだけです。足の筋肉は発達していますが、むねの筋肉はあまり発達していないので、飛べません。

横っとびで進む!?

アフリカのマダガスカルにすむサルのなかま、ベローシファカは手足が長く、木から木へジャンプして、とびうつっていきます。地上に下りたときは、後ろ足だけで立って、横とびをしながら移動します。

写真：オアシス

ケワタガモ
（時速 約76km／10秒で211.1m）
北極圏にすんでいます。羽毛は、服やふとんなどに使われます。

ツバメ
（時速 約65km／10秒で180.6m）
東南アジアなどから日本にやってくる渡り鳥です。長いきょりを飛ぶことができます。

競走馬 サラブレッド
（時速 約70km／10秒で194.4m）
競馬のために品種改良されたウマです。

ダチョウ
（時速 約70km／10秒で194.4m）
最も速く走る鳥です。つばさは退化していて、飛ぶことはできません。

ライオン
（時速 約64km／10秒で178.6m）
ひととびで12mもとぶといわれています。ふつうの道路では自動車の制限速度が時速60kmなので、速度オーバーです。

サイガ
（時速 約80km／10秒で222.2m）
大きな群れで、長いきょりを移動することもあります。

カンガルー
（時速 約72km／10秒で200.0m）
後ろ足で、ジャンプしながら走ります。13mもとんだ記録があります。

競走犬 グレイハウンド
（時速 約64km／10秒で178.6m）
ドッグレースに出るイヌです。ドッグレースは、競馬のように、イヌを走らせて競います。

ノウサギ
（時速 約72km／10秒で200.0m）
巣あなをつくらないウサギです。速く走って、てきからにげます。

200m

泳ぐ－位置について…

いろいろな生き物が、25mプールに大集合！
どの生き物が、いちばん速く、25mを泳ぎきるでしょうか？
また、順位はどうなっているでしょう？

水中を歩くカバ

写真：オアシス

小学生（時速 約7.6km／11.91秒でゴール）
小学生の自由形50m日本記録（2016年5月現在）は、23秒82です。1998年に記録されました。
（財団法人日本水泳連盟「競泳学童記録」）

カリフォルニアアシカ
（時速 約42km／2.14秒でゴール）
水族館でよく飼育されているアシカです。主に前びれを使って泳ぎます。

ホッキョクグマ
（時速 約10km／9.00秒でゴール）
泳ぎ方は、前足を使う、犬かきです。
後ろ足は、ほとんど使いません。

アオウミガメ
（時速 約36km／2.50秒でゴール）
足が、ひれになっていて、
速く泳ぎます。

← ひれ

コウイカ（時速 約20km／4.50秒でゴール）
コウイカは、主にひれを使って泳ぎます。
すいこんだ海水をふき出す力で泳ぐイカもいます。

ジェンツーペンギン
（時速 約36km／2.50秒でゴール）
水中生活に適応した鳥で、飛ぶことはできませんが、つばさ（フリッパー）を使って、飛ぶように泳ぎます。

カバ（時速 約12.5km／7.20秒でゴール）
昼間はほとんど水中ですごします。
泳ぐというより、水底を走って移動します。

ナマケモノ（時速 約1.8km／50秒でゴール）
泳ぐのは速くはありませんが、じつは、地上を歩くスピードの2倍以上の速さで泳ぎます。

マダライルカ
（時速 約40km／2.25秒でゴール）
あたたかい海にすむイルカで、
体のまだらもようが特ちょうです。

自由形50m世界記録
（時速 約8.9km／10.13秒でゴール）
この世界記録が出たのは2014年で、20秒26です。（2016年5月現在）
人類のトップスイマーでも、ホッキョクグマの犬かきにもかないません。

0m　　　5m　　　10m

シロナガスクジラの泳ぐスピードは、いつもは、時速2～14kmですが、緊急のときには、時速30km以上を出します。

シャチはジャンプも得意です。水面に体をたたきつけるような、ブリーチングという行動を取ることがありますが、その理由は、寄生虫を取るためなどと考えられています。

写真：オアシス

水上を走る忍者!?

中央アメリカや南アメリカにすむイグアナ科のバシリスクのなかまは、きけんがせまると、後ろ足で立ち上がって走ってにげます。そのとき、短い時間なら、水面の上をしずしずに走ることができます。

写真：オアシス

シャチ（時速 約55km／1.64秒でゴール）
ハクジラのなかまです。
ほ乳類の中では、最も速く泳ぎます。

クロマグロ（時速 約70km／1.29秒でゴール）
速く泳ぐときは、第1背びれやむなびれ、はらびれをたたんでいます。
つり糸を使った計測で、時速約70kmで20秒間泳いだ記録がありますが、実際のスピードはもっとおそいと考えられています。

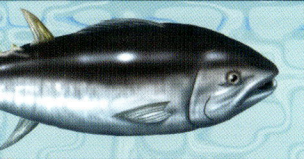

トビウオ
（時速 約45km／2.00秒でゴール）
発達したむなびれを使って、
グライダーのようにかっ空することができます。

バショウカジキ（時速 約109km／0.83秒でゴール）
最も速く、海を泳ぐ生き物と考えられています。
3秒間で91mを泳いだという記録がありますが、実際の最高スピードはよくわかっていません。

世界最速

©Nature Picture Library/
Nature Production/amanaimages

泳ぐバショウカジキ。速く泳ぐときには、背びれやむなびれ、はらびれは、たたみます。

写真：オアシス

いきおいよく水から飛び出したトビウオ。
尾びれで水面をかきながら、むなびれを広げて、風をとらえます。

▲ 15m　　　　　▲ 20m　　　　　▲ 25m

魚がふつうに泳ぐスピードは時速1〜5kmで、人間が歩くスピードとあまり変わらないという研究結果もあります。

もぐる!!―深海の生き物たち

海のほとんどは2,000m以上の深海で、いちばん深いところは1万5千m以上もあります。そんな深い海でも、いろいろな生き物が、もぐったり泳いだりしているのです。

オオミズナギドリ
約5mもぐって、イワシなどの小魚を食べます。

タチウオ (100mまで)
万に似ているところと、垂直に泳ぐことから、タチウオ(太刀魚)とよばれています。

モグリウミツバメ
南半球にすんでいます。飛ぶことは苦手ですが、もぐることは得意で、10mくらいもぐり、魚をとります。

メガマウスザメ (170mまで)
夜は水面近くへ上がります。

コウテイペンギン
564mまでもぐった記録があります。

ハチワレ (700mまで)
イワシやサバのなかまを、長い尾びれを使って、たたいて食べます。

ソデイカ (800～1,000m)
ひし形の大きなひれが特ちょうのイカです。

オオクチホシエソ (300～1,500m)
目の下にある円い部分は、光を出すことができます。

ハシナガチョウチンアンコウ

オウムガイ (400mまで)
海の中をただようように泳ぎます。

ヒシダイ (800mまで)
体がとてももろい魚です。

ハシナガロカビ
約70mもぐって、魚をとります。

ウミイグアナ
15m以上の深さまで、30分以上もぐります。

シーラカンス (70～600m)
約7000万年前に絶滅したと考えられていましたが、1938年に南アフリカで発見されました。

入間
スキューバダイビングの世界記録は332.35m。

ウナギガヘビガシラ
深さは約700mまで。時間は約60分間も、もぐれます。

リュウグウノツカイ (1,000mまで)
全長が約7mになります。

オサガメ
1,200mの深さまで、もぐることができます。

トゲカブトウオ (300～1,500m)
かぶとのような頭が特ちょうです。

ラブカ (120～1,500m)
「ウナギザメ」ともよばれます。

コウモリダコ (500～1,500m)
ひれのつけ根に、いろいろな光を発する器官があります。

ダイオウイカ (600～1,000m)
いちばん大きなイカです。

寺岩おぼ

ジンベエザメ (700mまで)
動物性プランクトンや小魚を食べます。いちばん大きな魚です。

オオメジロザメ (約250mまで)
こうげき的で、人をおそうこともあります。

0m

500m

1,000m

ミナミゾウアザラシ
深さは2,000m以上。
時間は約2時間も、
もぐることができます。

キタゾウ
アザラシ
深さは約1,700mまで、
時間は約100分間も、
もぐることができます。

バケダラ
(700～2,100m)
丸く大きな頭をもつ
タラのなかま。体は
ほっそりしています。

ノロゲンゲ
(200～1,800m)
日本海側で食べられ
ている深海魚です。

アカグツラウオダマシ
(120～2,000m)
体をたくさんの細いとげ
がおおっています。

ダイオウグソクムシ
(200～2,000m)
海底にすむ、フナムシに
近い生き物です。海底に
落ちてきた生き物の死が
いなどを食べています。

ミズウオ
(100～2,700m)
何でも丸飲みにして
食べてしまいます。

ナカムラギンメ
(200～2,300m)
目と口が大きく、タイに似
た形をしています。とても
うすい体をしています。

カグラザメ
(2,500mまで)
えものを追いかけて表層
まで来ることもあります。

オニキンメ
(100～3,000m)
4,992mで見つかっ
たこともあります。

オオイトヒキイワシ
(600～3,000m)
ふだんは、長いひれで
海底に立っています。

マッコウクジラ
3,000mももぐることが
できます。もぐっていられ
る時間は1時間くらいです。
1分間で170mも、もぐ
っていきます。

しんかい6500
潜水調査船で、パイロット
ふたり、研究者ひとりが
乗ります。最も深くもぐっ
た記録は6,527mです。

超深海の生き物

海全体の50%以上は、4,000m以上の深海で
す。太陽の光もとどかない世界では、不思議な
生き物が生きています。

シンカイクサウオ
7,700mでさつえい
されました。

ヨミノアシロ
3,000～8,000mの
深海にすんでいます。

フクロウナギ
7,625mで見つかっ
たことがあります。

カイコウ
オオソコエビ
1万900mで採集
されました。

2,000m

2,500m

3,000m

3,500m

顔−にらめっこしましょう!!

いろいろな動物の顔を
見てみましょう。おもしろかったり、
となりのだれかに似ていたり…

ジンメンカメムシ（オオアカカメムシ）

頭を下にすると、背中のもようがまるで
人の顔のようです。主に東南アジアなどの
熱帯地域にすんでいます。

©Koichi Fujiwara/
NATURE'S PLANET MUSEUM/
amanaimages

エリマキトカゲ

首の周りのえりかざりは、
ふだんはたたんでいますが、
てきをいかくするときなどに
大きく広げます。

©Prabu dennaga/500px/
amanaimages

ナマカフクラガエル

アフリカにすむカエルです。
きけんを感じると、
体を大きくふくらませ、
鳴いていかくします。

写真：アフロ

メンダコ

タコのなかまですが、
うでは短くて、まくがあつく、
円ばんのように見えます。

写真：オアシス

ニシハイイロペリカン

最大級のペリカンのなかまです。
のどの皮ふがよくのび、
魚を水ごとすくいとります。

©Bence Mate/
naturepl.com/
amanaimages

バッタのなかま

パナマにすむバッタです。
中央アメリカや南アメリカの森には、
カラフルなもようの
バッタがいます。

写真：アフロ

カバ

鼻や目、耳が頭の上のほうにあり、
すぐに水面から出せます。
鼻のあなはとじることもできます。

©Jeremy Woodhouse/Masterfile/
amanaimages

セイウチ
オス、メスともに
長いきばがあります。
水族館のセイウチの中には、
虫歯などのために、
きばをぬいたものもいます。

写真：アフロ

ピグミーシーホース
とても小さなタツノオトシゴのなかまです。
サンゴにかくれてすんでいます。

©SCUBAZOO/
SCIENCE PHOTO LIBRARY/
amanaimages

オオハシウミガラス
北極海などにすむ海鳥です。目から
鼻先にかけて白いもようがあります。

写真：アフロ

アルパカ
南アメリカの家ちくです。
主に毛をとるために
かわれています。
毛はとてもやわらかく
高級品です。

写真：アフロ

イボイノシシ
顔の左右につき出たいぼが特ちょうです。
オス、メスともに、
大きなきばがあります。

アベコベガエル
（オタマジャクシ）
オタマジャクシがとても大きく、
おとなのカエルの
2倍以上であることから、
この名前がつきました。

写真：オアシス

テンガンムネエソ
あたたかい海にすむ深海魚です。
上向きの大きな目は、
わずかな光をとらえるためのものと
考えられています。

©Science Source/
amanaimages

©Frans Lanting/
Frans Lanting Photography
/amanaimages

大昔の生き物① －街の中に恐竜が!?

生命は、約40億年前に生まれたと考えられています。
その後、長い時間をかけて、いろいろな生き物に進化していきます。
わたしたち人類が誕生するずっと前には、
おどろくような大きな生き物がいました。
もし、それらの生き物が、現在の街に出現したら・・・？

地質時代

- 第四紀…………258万年前～現在
- 新第三紀………2300万年前～
- 古第三紀………6600万年前～
- 白亜紀…………1億4500万年前～
- ジュラ紀………2億100万年前～
- 三畳紀…………2億5200万年前～
- ペルム紀………2億9900万年前～
- 石炭紀…………3億5900万年前～
- デボン紀………4億1900万年前～
- シルル紀………4億4300万年前～
- オルドビス紀…4億8500万年前～
- カンブリア紀…5億4100万年前～

シギラリア（高さ 約20m）
6階建てのビルぐらいの高さです。
この時代の木が、地中で石炭になりました。[石炭紀～ペルム紀]

アルゼンチノサウルス
（全長 約36m？）
背骨など、見つかった一部の化石の大きさから、最大の恐竜だったと考えられています。
[白亜紀後期]

アーケオプテリス
（高さ 約10m）
いちばん古い木のひとつです。
電信柱ぐらいの高さでした。
[デボン紀中期～石炭紀前期]

中野坂下

メガテリウム
（体長5～6m）
現在のナマケモノのなかまです。ナマケモノの8倍ぐらいの体長がありました。
[新第三紀後期～第四紀]

ショウカコウマンモス
（肩までの高さ 約5.3m）
体長は約9mもあり、史上最大のマンモスです。[第四紀]

ステゴサウルス（全長 約9m）
背中の板のような骨は、体温調節の役わりをしました。[ジュラ紀後期]

アルゲンタビス
（つばさを広げた長さ 約8m）
ワシやタカのなかまで、飛ぶことのできる鳥としては、史上最大だと考えられています。[新第三紀]

ケツァルコアトルス
（つばさを広げた長さ10～11m）
いちばん大きな翼竜のひとつです。[白亜紀後期]

プサロニウス
（高さ 約10m）
熱帯のしめった土地に育っていました。[石炭紀～ペルム紀]

ジョセフォアルチガシア
（全長 約3m）
史上最大のげっ歯類（ネズミのなかま）です。[新第三紀～第四紀]

パラケラテリウム
（肩までの高さ 約4.5m）
陸上にいたほ乳類としては、最大のものと考えられています。サイなどの祖先です。[古第三紀]

ティラノサウルス（全長 約12.5m）
大きく、強いあごは、ほかの恐竜の骨をかみくだきました。骨の研究から、寿命は約30年と考えられています。[白亜紀後期]

グロッソプテリス（高さ 約8m）
2階建ての家より高い植物で、葉は最大で30cmもありました。[ペルム紀～三畳紀]

ティタノボア（全長 約13m）
史上最大のヘビ。体の直径は1mにも達しました。[古第三紀]

デイノスクス（全長 約12m）
アメリカ大陸などにすんでいた巨大なワニです。[白亜紀後期]

トリケラトプス
（全長 約9m）
角は、なかまどうしの争いに使われたと考えられています。[白亜紀後期]

モア（高さ 約3.5m）
ニュージーランドにすんでいた鳥です。17世紀くらいに絶滅したと考えられています。[第四紀]

メガラニア（全長 5～7m）
いちばん大きなトカゲのなかまです。[第四紀]

大昔の生き物②−家の中に恐竜が侵入!?

古代の生き物は、
大きなものばかりではありません。
もし、家の中に、
恐竜などが侵入してきたら・・・？

コエルロサウラブス
（全長 約40cm）
ろっ骨と皮ふのつばさで、かっ空することができました。
[ペルム紀後期]

アーケオプテリクス
（全長 約50cm）
「始祖鳥」とよばれ、最古の鳥類と考えられていましたが、鳥類に進化する以前の恐竜だとする説もあります。
[ジュラ紀後期]

ワンナノサウルス
（全長 約60cm）
中国で発見された恐竜です。
[白亜紀後期]

プロトファスマ
（体長 約12cm）
ゴキブリなどの祖先です。
現在のゴキブリの3倍以上の大きさがありました。
[石炭紀後期]

ジュラマイア
（体長 約10cm）
現在のほ乳類のような胎盤をもつ最も古い生物だと考えられています。
[ジュラ紀後期]

ムスサウルスの赤ちゃん
（全長 約20cm）
卵と生まれたばかりの赤ちゃんの化石が見つかっています。
成長すると約8mになります。
[三畳紀後期]

ミクロラプトル
（全長 約90cm）
つばさがあり、かっ空をしたり、羽ばたいて飛んだりしたようです。
[白亜紀前期]

アオルネルペトン
（全長 約50cm）
はちゅう類のヘビではなく、両生類のなかまです。
[ペルム紀前期]

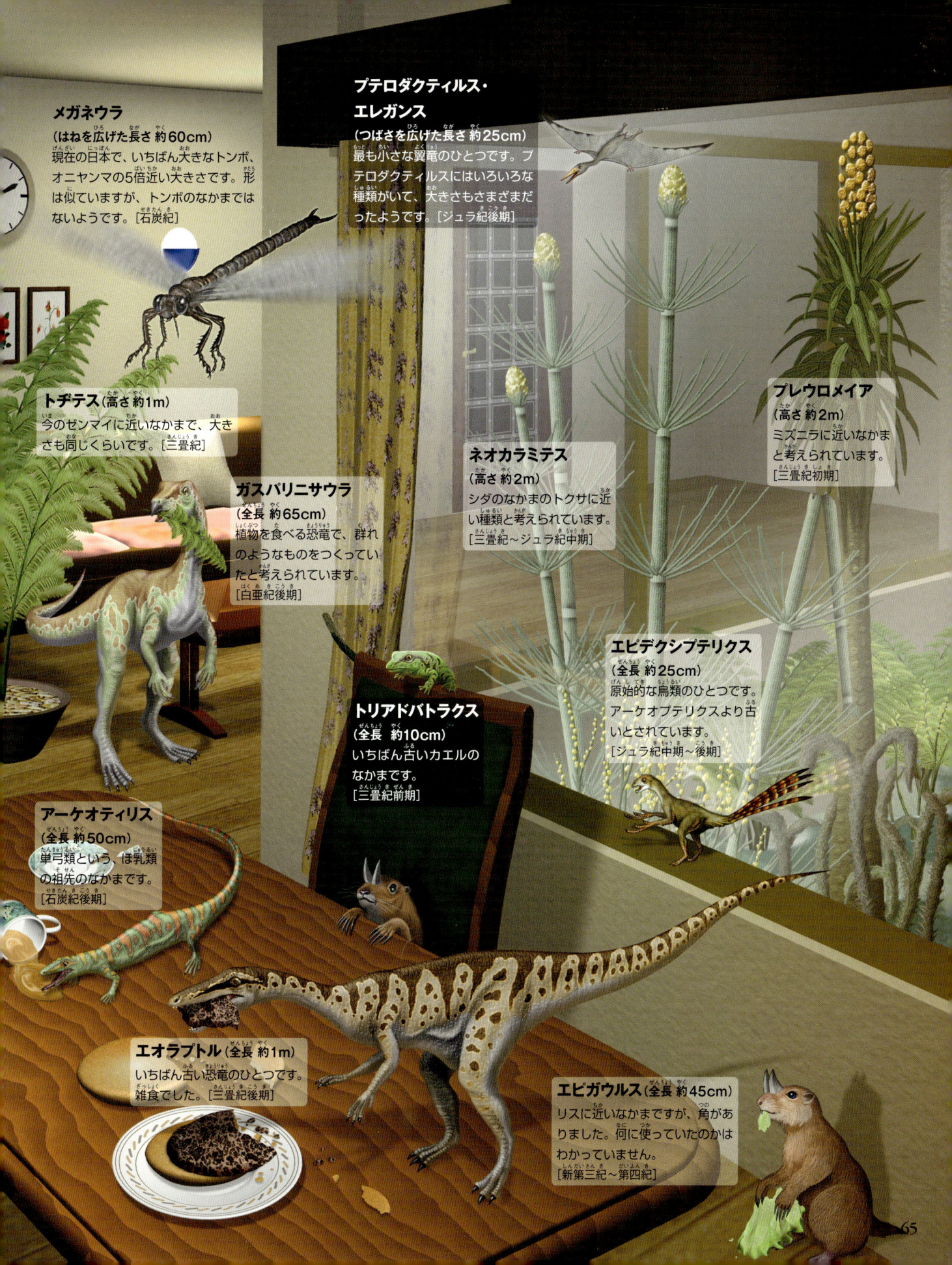

メガネウラ
（はねを広げた長さ 約60cm）
現在の日本で、いちばん大きなトンボ、オニヤンマの5倍近い大きさです。形は似ていますが、トンボのなかまではないようです。[石炭紀]

プテロダクティルス・エレガンス
（つばさを広げた長さ 約25cm）
最も小さな翼竜のひとつです。プテロダクティルスにはいろいろな種類がいて、大きさもさまざまだったようです。[ジュラ紀後期]

プレウロメイア
（高さ 約2m）
ミズニラに近いなかまと考えられています。[三畳紀初期]

トヂテス（高さ 約1m）
今のゼンマイに近いなかまで、大きさも同じくらいです。[三畳紀]

ネオカラミテス
（高さ 約2m）
シダのなかまのトクサに近い種類と考えられています。[三畳紀～ジュラ紀中期]

ガスパリニサウラ
（全長 約65cm）
植物を食べる恐竜で、群れのようなものをつくっていたと考えられています。[白亜紀後期]

エピデクシプテリクス
（全長 約25cm）
原始的な鳥類のひとつです。アーケオプテリクスより古いとされています。[ジュラ紀中期～後期]

トリアドバトラクス
（全長 約10cm）
いちばん古いカエルのなかまです。[三畳紀前期]

アーケオティリス
（全長 約50cm）
単弓類という、ほ乳類の祖先のなかまです。[石炭紀後期]

エオラプトル（全長 約1m）
いちばん古い恐竜のひとつです。雑食でした。[三畳紀後期]

エピガウルス（全長 約45cm）
リスに近いなかまですが、角がありました。何に使っていたのかはわかっていません。[新第三紀～第四紀]

大昔の生き物③ーダイビング中に恐竜が!?

生き物たちは、長い年月をかけて、海から陸上に進出していきました。
しかし、陸上で巨大な生き物が進化する一方で、
海の中でも、巨大な生き物が登場しました。
もし、ダイビング中にそんな生き物たちに出会ったら・・・？

アーケロン（全長 約4m）
史上最大のウミガメです。
北アメリカの海でくらして
いました。肉食だったよう
です。[白亜紀後期]

エラスモサウルス（全長 約14m）
最大級の首長竜で、長い首
には71もの骨がありまし
た。肉食で魚やイカなどを
食べていたようです。
[白亜紀後期]

ダンクルオステウス（全長 約6m）
強力なあごをもち、魚をおそって食べて
いました。かむ力は、すべての魚類の中
で最強だったといわれてます。
[デボン紀後期]

カメロケラス（全長 約11m）
イカやタコのなかまです。現在のオウムガイのように、
からの中にたくさんの仕切りがあり、そこで浮力を調
整し泳いでいたと考えられています。[オルドビス紀]

ホホジロザメの歯(左)と
カルカロドン・メガロドン
の歯の化石(右)

©Nature Picture Library/
Nature Production/amanaimages

カルカロドン・メガロドン(全長 約16m)
史上最大のサメです。ホホジロザメの2倍以上
の大きさでした。歯の化石は日本でも見つかり、
昔は天狗のつめだと思われていました。
[新第三紀]

ステラーカイギュウ(全長 約8m)
ジュゴン(→p.10)などのなかまのカイ
ギュウ類で、寒い海にすんでいました。
絶滅したのは1760年代です。[第四紀]

メトリオリンクス(全長 約3m)
海に進出したワニです。足も
尾もひれに変わっていて、陸
にはあまり上がらなかったよ
うです。[ジュラ紀中期〜後期]

モササウルス(全長 約18m?)
海に進出したはちゅう類で、現在の
トカゲに近いなかまです。魚やカメ、
アンモナイトなどを食べていたと考
えられています。[白亜紀後期]

シャスタサウルス(全長15〜21m?)
最大級の魚竜です。魚竜は、魚やイルカの
ような形の体に進化したはちゅう類で、イ
カや魚を食べていました。[三畳紀後期]

オドベノケトプス(全長2.5〜3m)
クジラのなかまで、オスに
はきばがあり、ななめ後ろ
にのびています。セイウチ
のように貝を食べていたと
考えられています。[新第三紀]

アノマロカリス(体長60cm〜1m)
カンブリア紀では最強の生
き物。発達した視覚でさま
ざまなえものをとらえました。
[カンブリア紀]

プテリゴトゥス(体長 最大で約2m)
シルル紀に栄えたウミサソリのなかまです。
大きなはさみで、海底のやわらかいものを
食べていたようです。[シルル紀]

水星の太陽面通過

地球から見て、水星が太陽の前を
通過するところです。
太陽の直径は水星の約285倍です。
写真は2016年5月に
イギリスで観測されたもので、
日本では夜だったので、
観測することができませんでした。
日本で水星の太陽面通過を
観測できるのは、2032年です。

写真：Solent News／アフロ

世界でいちばん高い山エベレスト山 → p.85

「チョモランマ」ともよばれ、ネパールと中国の国境にあります。標高は、8,848mあり、地球上で最も高い陸地です。

写真：アフロ

宇宙や地球をくらべてみよう！

わたしたちのすむ地球は、太陽系の惑星です。
太陽系には、地球のほかに、7つの惑星があり、
大きさも特ちょうもさまざまです。
また、地球上にも、海や陸地、山や川、さまざまな地形があります。
宇宙と地球のいろいろなことをくらべてみましょう。

惑星の大きさ
—体育館に太陽系!?

わたしたちがくらす地球の大きさは、直径1万2,756km。ぐるっと1周すると4万km以上もあります。人間が歩いたとすると、1年かかっても1周できません。しかし、地球より大きい天体もたくさんあります。太陽系に目を広げてみましょう。

©Visuals Unlimited/
Nature Production /amanaimages

太陽と金星　地球から見た、金星が太陽の前を通過するところです。金星は地球とほぼ同じ大きさですが、太陽の約115分の1です。

■体育館の中に太陽系の天体が入ったら……。

みんなの学校の体育館の中に、太陽系の天体を再現してみました。地球をドッジボール（直径21cm）の大きさとして、いろいろな天体の大きさを実感してみましょう。

火星
（直径 約6,792km ／地球の約半分）
地球のすぐ外側を回る惑星で、氷が発見されました。大昔には海があり、生命がいたかもしれません。地球をドッジボールとすると、ソフトボール（直径 約10cm）ぐらいになります。

地球
（直径 約1万2,756km）
太陽系の第3惑星で、主に岩石でできています。太陽系の中で、いちばん密度（重さを体積でわったもの）の大きな惑星です。

太陽
（直径 約139万2,000km／地球の約109倍）
太陽系の中心にある恒星（自分で光や熱を出す天体）です。地球をドッジボールとすると、直径が約23mになり、体育館いっぱいの大きさになります。

金星
（直径 約1万2,104km／地球とほぼ同じ）
地球のひとつ内側の惑星です。地球をドッジボールとすると、バレーボール（直径20cm）ぐらいの大きさになります。

水星
（直径 約4,879km／地球の約3分の1）
いちばん太陽の近くを回り、太陽系の中では、最も小さな惑星です。地球をドッジボールとすると、野球の硬球（直径 約7.5cm）ぐらいの大きさになります。

太陽系の「惑星」は、太陽の周りを回り、ほぼ球形で、軌道の近くにほかの天体がないことが条件で、水星・金星・地球・火星・木星・土星・天王星・海王星です。

■太陽系の惑星と冥王星のならび順

水星
金星
地球
火星
木星
土星
天王星
海王星
冥王星
太陽

※わかりやすくするため、太陽からのきょりは変えてあります。

木星
（直径 約14万2,984km
／地球の約11倍）
主にガスでできていて、太陽系の中でいちばん大きく、重い惑星です。地球をドッジボールとすると、運動会で使う大玉（直径 約150cm）より大きくなります。

土星
（直径 約12万536km／
地球の約9倍）
木星と同じく、主にガスでできていて、大きなリングが目立つ惑星です。地球をドッジボールとすると、運動会で使う大玉（直径150cm）より大きくなります。

海王星
（直径 約4万9,528km／
地球の約4倍）
いちばん外側を回る惑星です。地球をドッジボールとすると、おとな向けのバランスボール（直径85cm）ぐらいの大きさになります。

天王星
（直径 約5万1,118km／地球の約4倍）
ガスと氷でできた惑星です。地球をドッジボールとすると、おとな向けのバランスボール（直径85cm）ぐらいの大きさになります。

冥王星
（直径 約2,370km／
地球の約6分の1）
惑星のひとつでしたが、準惑星となりました。地球をドッジボールとすると、ピンポン球（直径4cm）ぐらいになります。

太陽系の惑星重さランキング

① 木星	……	地球の約318倍
② 土星	……	地球の約95倍
③ 海王星	……	地球の約17倍
④ 天王星	……	地球の約15倍
⑤ 地球		
⑥ 金星	……	地球の約0.82倍
⑦ 火星	……	地球の約9分の1
⑧ 水星	……	地球の約18分の1
● 太陽	……	地球の約33万倍
● 冥王星	……	地球の約430分の1

プカ プカ♪

土星は、大きさのわりには軽く、太陽系の惑星の中では、密度がいちばん低い惑星です。水の中に入れたら、うかんでしまいます。

（国立天文台編『理科年表 平成28年』ほか）

冥王星の軌道の近くに、似たような天体が発見されました。そのため、冥王星は「準惑星」というグループに分類されるようになりました。

惑星の速さ－山手線を公転!?

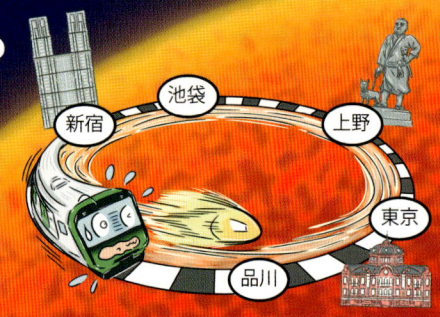

人間が乗った乗り物の最速記録は、アポロ10号の時速3万9,897kmです。
乗っているわたしたちには感じることができませんが、
地球という乗り物は、時速10万kmをこえるスピードで動いています。
太陽系の惑星は、太陽を中心にして、その周りを円ばん状に回っています。
これを「公転」といい、惑星がたどる道すじのことを「軌道」といいます。

山手線は1周約34.5km。電車は約1時間かけて1周しますが、惑星は数秒で回ってしまいます。

■惑星の公転の速さ

惑星は1秒間でどれぐらい移動するでしょうか。
山手線の東京駅を左回りで出発して、
1秒後にどこにいるかでくらべてみましょう。

月（秒速約1.0km）
地球のたったひとつの衛星で、地球の周りを約27日かけて1周します。

アポロ10号（秒速約11.1km）
人間の乗った乗り物の最高速度。月から地球に帰ってくるときに記録されました。

スペースシャトル（秒速約7.4km）
飛行機など、固定翼機でいちばん速いのがスペースシャトルです。

木星（秒速約13.1km）
1秒で東京から池袋まで
太陽から約8億kmはなれたところを約12年かけて1周します。

土星（秒速約9.7km）
1秒で東京から巣鴨まで
太陽から約14億kmはなれたところを、約29年半かけて1周します。

天王星（秒速約6.8km）
1秒で東京から西日暮里まで
太陽から約29億kmはなれたところを、約84年かけて1周します。

海王星（秒速約5.4km）
1秒で東京から鶯谷まで
太陽から約45億kmはなれたところを、約165年かけて1周します。

冥王星（秒速約4.7km）
軌道がだ円で、太陽からいちばん遠いときは約74億km、いちばん近いときは約44億kmで、海王星より近くなります。約248年かけて1周します。

アポロ10号の速度記録は、地球を基準とした速度です。太陽を基準にすると、地球の公転速度も加えたスピードになります。

太陽系の惑星の自転の速さ

惑星は公転だけでなく、回転もしています。それを「自転」といいます。赤道のところのスピードでくらべてみました。

※（　）は自転周期（1回転するのにかかる時間）

金星の自転速度は、秒速1.8mしかありません。人の早足と同じくらいのスピードです。

太陽	秒速約1,993.3m（約25.4日）
水星	秒速約3.0m（約58.65日）
金星	秒速約1.8m（約243日）
地球	秒速約464.9m（約23時間56分）
火星	秒速約240.6m（約1.03日）
木星	秒速約12,566.9m（約10時間）
土星	秒速約9,866.2m（約10.7時間）
天王星	秒速約2,586.3m（約17時間）
海王星	秒速約2,681.7m（約16時間）
冥王星	秒速約13.5m（約6.4日）

水星（秒速約47.4km）
1秒で山手線を約1.4周
太陽から約5,790万kmはなれたところを約88日かけて1周します。

金星（秒速約35.0km）
1秒で山手線を約1周
太陽から約1億820万kmはなれたところを約225日かけて1周します。

地球（秒速約29.8km）
1秒で東京から品川まで
太陽から約1億4,960万kmはなれたところを約1年（365.25日）かけて1周します。

火星（秒速約24.1km）
1秒で東京から目黒まで
太陽から約2億2,790万kmはなれたところを約687日かけて1周します。

太陽は1秒で山手線を6.4周!?

太陽系の惑星は太陽を中心に回っていますが、太陽自体もまた、銀河系を回っています。そのスピードは、秒速約220km。山手線のきょりにすると、1秒で約6.4周もしてしまいます。太陽は約2億年をかけて銀河系を1周します。

■惑星の軌道

太陽系の惑星の軌道はどれもだ円形です。日本の探査機「はやぶさ」が向かったイトカワ、「はやぶさ2」が目指すリュウグウなどの小惑星、冥王星などの準惑星も、だ円の軌道をえがきます。

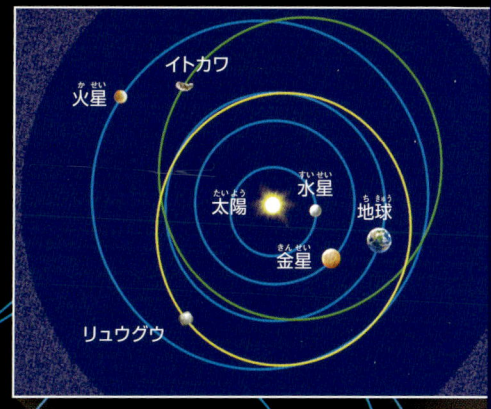

イトカワ
火星
太陽
水星
地球
金星
リュウグウ

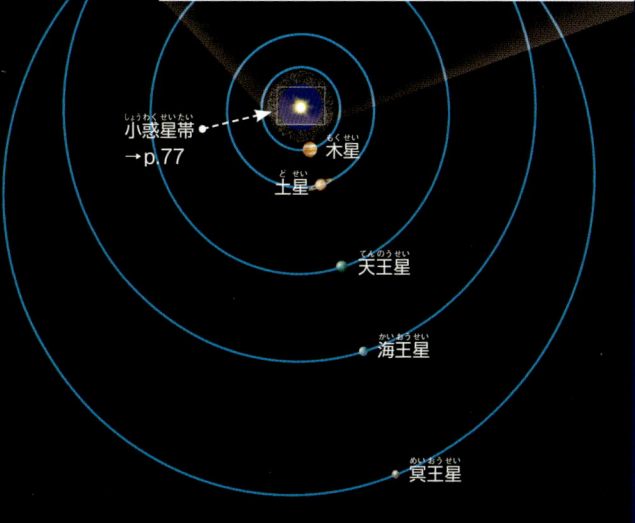

小惑星帯
→p.77
木星
土星
天王星
海王星
冥王星

（国立天文台編『理科年表 平成28年』ほか）

惑星と月の重力—月面で世界記録!?

わたしたちには、地球から引っぱる力が働いています。この力を「重力」といいます。重力の大きさは、天体の質量（重さ）によって、ことなります。

ほかの惑星と月で、走り高とびをくらべてみましょう。体重を量ってみたりして、重力をくらべてみましょう。

15m▶

太陽系の惑星重力ランキング

1　木星 …………（地球の2.37倍）
2　海王星 ………（地球の1.11倍）
3　地球
4　土星 …………（地球の0.93倍）
5　金星 …………（地球の0.91倍）
6　天王星 ………（地球の0.89倍）
7　水星 …………（地球の0.38倍）
7　火星 …………（地球の0.38倍）

●　太陽 …………（地球の28.0倍）
●　月 ……………（地球の0.17倍）

月
走り高とび14m41
小学生の体重5.1kg

地球のたったひとつの衛星です。地球から約38万kmはなれたところを、約27日かけて地球の周りを1周します。地球は、月の約6分の1しかありません。重力は、月の約6分の1の重力で

10m▶

※男子走り幅とび世界記録
8m95（2016年5月現在）

月（52m65）

走り幅とびでは…

同じように、ほかの惑星と月で、走り幅とびをしてみました。結果はどうなったでしょうか？

海王星（8m06）
地球（8m95）
土星（9m62）
金星（9m84）
天王星（10m06）
水星・火星（23m55）
木星（3m78）
太陽（0m32）

太陽系の大きさ－日本列島にあてはめると!?

太陽から地球までのきょりは、約1億4,960万kmもあります。
最も遠い惑星の海王星は、45億km以上。さらに遠くの準惑星などの
天体も太陽系の一部です。いったい、太陽系はどれほど大きいのでしょう。
惑星を日本列島にあてはめて、太陽系の大きさをくらべてみましょう。

宇宙の単位

ふつう、長さやきょりの単位は、kmなどを使いますが、大きな宇宙では、けたが多くなってたいへんです。そこで、「天文単位」や「光年」などという単位が使われています。

天文単位	地球と太陽のきょりを、1とした単位です。（約1億5,000万km）
光 年	光が1年で進むきょりです。（約9兆4,600億km）

■内側の惑星
（水星・金星・地球・火星）

太陽の位置を東京駅として、
地球が横浜を通るようにしました。
太陽に近い4つの惑星の軌道は、
どの町を通るでしょうか？

久喜

春日部

地球
太陽からのきょり
約1億4,960万km
軌道は、神奈川県横浜市、埼玉県所沢市などを通ります。

さいたま

川越

柏

水星
太陽からのきょり
約5,790万km
軌道は、東京都世田谷区、足立区などを通ります。

所沢

足立

松戸

西東京

練馬

市川

船橋

習志野

八王子

太陽
直径が約139万kmあります。時速320kmの新幹線で横断すると、180日以上もかかります。

千葉

三鷹

金星
太陽からのきょり
約1億820万km
軌道は、東京都西東京市、千葉県習志野市などを通ります。

世田谷

相模原

大田

川崎

市原

厚木

横浜

火星
太陽からのきょり
約2億2,790万km
軌道は、神奈川県横須賀市、埼玉県久喜市などを通ります。

木更津

茅ヶ崎

富津

横須賀

●実際に太陽から新幹線で旅をしたら…

水星	約20年と239日
金星	約38年と219日
地球	約53年と134日
火星	約81年と109日

※新幹線の速さは時速320km

（国立天文台編『理科年表 平成28年』ほか）

光は、1秒間に約30万km進みます。太陽の光は、約8分で地球までとどきます。

外側の惑星
（木星・土星・天王星・海王星）

火星と木星の間の小惑星帯の外側には、木星など4つの惑星があります。さらにその外側には、冥王星やエリスなどの準惑星もあります。

冥王星
準惑星のひとつ。太陽からいちばん近いときは約44億kmで、海王星軌道の内側に入りこみます。いちばん遠いときは約74億kmです。

ハウメア
準惑星のひとつ。球形ではなく、細長い形をした天体です。太陽からのきょりは、いちばん近いときで約52億km、いちばん遠いときで約77億kmです。

土星
太陽からのきょり
約14億2,940万km
軌道は、三重県、滋賀県、福井県、石川県、新潟県、山形県、宮城県を通ります。

小惑星帯
直径100m以下から数百kmまで、さまざまな大きさの天体の集まりです。

木星
太陽からのきょり
約7億7,830万km
軌道は、静岡県、長野県、新潟県、福島県、栃木県を通ります。

エッジワース・カイパーベルト
海王星の外側から数十億kmにわたって広がるはんいで、このはんいにある天体をエッジワース・カイパーベルト天体といい、冥王星などの準惑星もふくまれます。

天王星
太陽からのきょり
約28億7,500万km
軌道は、高知県、愛媛県、広島県、島根県、青森県を通ります。

海王星
太陽からのきょり
約45億440万km
軌道は、鹿児島県、長崎県、北海道を通ります。

マケマケ
準惑星のひとつ。大気の存在しない、こおりついた天体です。太陽からのきょりは、いちばん近いときで約58億km、いちばん遠いときで約79億kmです。

エリス
最大の準惑星です。軌道はゆがんだだ円をえがきます。太陽からのきょりは、いちばん近いときで約57億km、いちばん遠いときで約146億kmです。

エッジワース・カイパーベルト

オールトの雲

太陽系の終わりは？

太陽系の果てでは、彗星が太陽系を取り囲んでいると考えられています。この彗星の集まりは「オールトの雲」とよばれ、そのはんいは、太陽からおよそ1兆5,000万〜15兆kmと予想されていますが、全体の形などはよくわかっていません。

地球からいちばん近い天体は、衛星である月です。地球からのきょりは、約38万km。時速320kmの新幹線で行けば、約50日かかります。

海と湖 ─全部の陸地より大きな海

地球の表面の70％以上は、海でおおわれています。
そして、その海の75％以上が、深さ3,000m以上の深海です。
科学技術の進歩により、わたしたち人類は、
いろいろな環境に進出して、生活しています。
しかし、海はまだまだ広いのです。

北極海
カスピ海
バイカル湖
ヒューロン湖
アラル海
スペリオル湖
ミシガン湖
大西洋
ビクトリア湖
地中海
日本海
カリブ海
メキシコ湾
大西洋
インド洋
太平洋

■海の深さ

地上でいちばん高いところは、エベレスト山で8,848mですが、海にはもっと深いところがあります。海の深さを見てみましょう。

地球の海の20％以上が、5,000m以上の深海です。

5,000m

インド洋
（最大の深さ7,125m）
いちばん深いところは、ジャワ海溝です。

地中海
（最大の深さ5,267m）
平均の深さは1,502mです。

北極海
（最大の深さ5,440m）
平均の深さは1,330mです。

6,000m

カリブ海
（最大の深さ7,680m）
メキシコ湾のいちばん深いところは、4,376mです。

■海の面積と体積

太平洋と大西洋、インド洋を「三大洋」といいます。三大洋を中心に、海の面積と体積をくらべてみましょう。

7,000m

大西洋
（最大の深さ8,605m）
いちばん深いところは、プエルトリコ海溝です。

8,000m

伊豆・小笠原海溝
（最大の深さ9,780m）
日本の近海では最も深いところです。

エベレスト山
（高さ8,848m）

ユーラシア大陸
→p.80

9,000m

有人潜水艇トリエステ号による最深記録
（1万916m）

10,000m

太平洋
（最大の深さ1万920m）
いちばん深いところは、マリアナ海溝です。

世界最大

太平洋
面積：約1億6,624万1,000㎢
体積：約6億9,618万9,000㎦
すべての陸地を合わせた面積より広く、体積では、すべての海の50％以上をしめています。

11,000m

バイカル湖は、面積では世界第7位ですが、深さがあるため、体積は大きく、カスピ海について、世界第2位になります。

淡水はたったの2.6%!?

地球上の水の97.4％は海水です。淡水のほとんどは、氷の状態で、多くは南極大陸にあります。川や地下水など、わたしたちが使える淡水は、0.6％ほどです。おふろの水（200L）を海水とすると、2Lのペットボトル1本にもなりません。

スキューバダイビング最深記録（332.35m）

0m

200mより浅い海は、地球上には7.5％しかありません。

1,000m

バイカル湖（最大の深さ1,741m）
世界でいちばん深い湖。平均の深さでも740mあり、世界一です。

2,000m

地球の海の80％以上が、2,000m以上の深海です。

マッコウクジラの潜水（約3,000m）

3,000m

日本海（最大の深さ3,796m）
平均の深さは1,667mです。

富士山（高さ3,776m）

4,000m

地球の海の半分以上が、富士山の高さより深い4,000m以上の深海です。

日本海
面積：約101万3,000km²
体積：約169万km³
暖流（対馬海流）と寒流（リマン海流）が流れこみ、どちらの魚もとれる豊かな漁場です。

湖の大きさランキング

[世界]
① カスピ海（アジア・ヨーロッパ） ——— 約37万4,000km²
② スペリオル湖（北アメリカ） ——— 約8万2,367km²
③ ビクトリア湖（アフリカ） ——— 約6万8,800km²
④ ヒューロン湖（北アメリカ） ——— 約5万9,570km²
⑤ ミシガン湖（北アメリカ） ——— 約5万8,016km²

[日本]
① 琵琶湖（滋賀） ——— 約669.2km²
② 霞ケ浦（茨城） ——— 約168.2km²
③ サロマ湖（北海道） ——— 約151.6km²
④ 猪苗代湖（福島） ——— 約103.2km²
⑤ 中海（島根・鳥取） ——— 約85.7km²

地中海
面積：約251万km²
体積：約377万1,000km³
ジブラルタル海峡で大西洋とつながっていますが、いちばんせまいところは、約14kmしかありません。

大西洋
面積：約8,655万7,000km²
体積：約3億2,336万9,000km³
面積では、ユーラシア大陸の約1.7倍もあります。

北アメリカ大陸 →p.80
南アメリカ大陸 →p.80
アフリカ大陸 →p.80
グリーンランド →p.81

インド洋
面積：約7,342万7,000km²
体積：約2億8,434万km³
三大洋の中ではいちばん小さいですが、ユーラシア大陸の約1.5倍もあります。

カスピ海
面積：約37万4,000km²
体積：約7万8,200km³
世界最大の湖。日本列島の面積とほぼ同じです。

北極海
面積：約948万5,000km²
体積：約1,261万5,000km³
ユーラシア大陸や北アメリカ大陸などに囲まれた海です。

カリブ海とメキシコ湾
面積：約435万7,000km²
体積：約942万7,000km³
2つ合わせて、「アメリカ地中海」とよぶこともあります。

（国立天文台編「理科年表 平成28年」、国土地理院「平成27年全国都道府県市区町村別面積調」ほか）

大陸と島
─本州は世界7番目!?

「日本は小さな島国」といいますが、
じつは、本州は、世界で7番目に大きな島です。
それでも、ユーラシア大陸とくらべてみれば、
わずか220分の1ほどです。地球の大陸と島をくらべてみましょう。

上の地図では、オーストラリア大陸よりグリーンランドのほうが大きく見えますが、じつは、オーストラリア大陸は、グリーンランドの約3.5倍の大きさがあります。地図は、球である地球を平面に表すため、ひずみが生まれます。形や大きさを正確に知るためには、地球儀を見ましょう。

■大陸の大きさ

「大陸」とは、大きな陸地のことで、ふつう、ユーラシア大陸、アフリカ大陸、北アメリカ大陸、南アメリカ大陸、南極大陸、オーストラリア大陸をさします。

南アメリカ大陸
（約1,763万㎢／11.9%）
北アメリカと南アメリカを合わせてアメリカ大陸とよぶこともあります。西側には大山脈があり、東には高地、高原が広がっています。

オーストラリア大陸
（約760万㎢／5.1%）
地球上で最も小さな大陸ですが、日本列島の約20倍の広さです。低く平らな地形と、かわいた気候が特色です。

グリーンランド

南極大陸
（約1,414万㎢／9.5%）
地球のいちばん南にある大陸。そのほとんどがあつい氷におおわれています。1983年、−89.2℃の世界最低気温を記録しました。

そのほか島など
（約945万㎢／6.4%）

地球上の陸地面積
（約1億4,870万㎢）

ユーラシア大陸
（約5,070万㎢／34.1%）
地球上で最大の大陸で、地球の全陸地面積の約3分の1です。ヨーロッパ大陸とアジア大陸に分けることもあります。

世界最大

北アメリカ大陸
（約1,998万㎢／13.4%）
パナマ地峡で、南アメリカとつながっています。東西に山地があり、中央に平原が広がっています。

アフリカ大陸（約2,920万㎢／19.6%）
赤道を中心に、北半球、南半球にまたがる大陸。ユーラシア大陸とは陸続きです。さばくとジャングル、草原が広がっています。

（二宮書店『現代地図帳』ほか）

日本でいちばん大きな無人島は北海道の渡島大島で、約9.74㎢です。

■島の大きさ

わたしたちが住む日本も島です。
島の大きさをくらべてみましょう。

ニューギニア島
（約80万8,500㎢）②
オーストラリア大陸の北にある島。熱帯雨林におおわれていますが、変化の多い地形が特ちょうです。

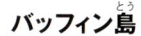

カリマンタン島
（約74万5,600㎢）③
南シナ海の南のはしにある、インドネシア最大の島。ボルネオ島ともいいます。中央を赤道が通り、熱帯雨林が広がっています。

世界最大

グリーンランド
（約217万5,600㎢）①
世界最大の島で、本州の10倍近くあります。全土の約80％は氷と雪におおわれています。

バッフィン島
（約50万7,500㎢）⑤
カナダの北東部にある、カナダ最大の島。ひじょうに寒く、氷河が広がっています。

＊注＊ 左ページより、約4倍に拡大しています。

マダガスカル島
（約58万7,000㎢）④
インド洋の南西にある島。キツネザルなど、独特の動物や植物で有名です。

スマトラ島
（約47万3,600㎢）⑥
インドネシアの西のはしにある島。火山が多く、ジャングルにおおわれています。

本州
（約22万7,942㎢）⑦
日本でいちばん大きな島で、世界第7位です。北海道は約7万7,984㎢、九州は約3万6,782㎢、四国は約1万8,298㎢です。

グレートブリテン島
（約21万8,500㎢）⑧
イギリスでいちばん大きな島で、世界第8位です。となりのアイルランド島は約8万3,000㎢です。

ビクトリア島
（約21万7,300㎢）⑨
バッフィン島などと同じく北極海にうかぶカナダ北部の島です。氷河の影響でできた湖が島のあちこちにあります。

エルズミーア島
（約19万6,200㎢）⑩
カナダの最北たんの島です。氷河が陸をけずってできた「フィヨルド」とよばれるふくざつな地形の入り江がたくさんあります。

スラウェシ島
（約18万9,200㎢）⑪
インドネシア四大島のひとつです。セレベス島ともいいます。

南島
（約15万1,200㎢）⑫
ニュージーランドの南側にある島です。北側にある北島は約11万5,800㎢です。

ジャワ島
（約13万2,200㎢）⑬
インドネシア四大島の中ではいちばん小さな島。川が多く土地がこえていて、多くの人が住んでいます。

日本にあった!? 人口密度が世界一の島

2015年に世界遺産に登録された長崎県の端島（軍艦島）は、現在は無人島ですが、かつては世界一人口密度が高い島でした。
1974年まで石炭が採掘され、そこで働く人や家族が住んでいました。いちばん多い時には、東西約160m、南北約480mのこの島の人口は5,200人以上、1㎢あたりの人口（人口密度）は8万人以上になりました。ちなみに、日本の市区町村でいちばん人口密度の高いのは、東京都豊島区で21,571人です。（2016年1月現在）

端島。島の形が軍艦に似ていたので、「軍艦島」とよばれました。

写真：アフロ

（国立天文台編『理科年表 平成28年』ほか）

川の長さ―日本列島の2倍!?

日本には、たくさんの川があります。

しかし、大陸には、日本列島よりも長い川がたくさんあります。世界一長いナイル川を基準に、地球上の川をくらべてみましょう。

島国の日本には、川の長さにもかぎりがありますが…。

世界の川の長さランキング

1	ナイル川（アフリカ）	6,695km
2	アマゾン川（南アメリカ）	6,516km
3	長江（アジア）	6,380km
4	ミシシッピ川（北アメリカ）	5,969km
5	オビ川（アジア）	5,568km
6	エニセイ川（アジア）	5,550km
7	黄河（アジア）	5,464km
8	コンゴ川（アフリカ）	4,667km
9	ラプラタ川（南アメリカ）	4,500km
10	メコン川（アジア）	4,425km

日本の川の長さランキング

1	信濃川（長野・新潟）	367km
2	利根川（群馬・栃木・埼玉・東京・茨城・千葉）	322km
3	石狩川（北海道）	268km
4	天塩川（北海道）	256km
5	北上川（岩手・宮城）	249km
6	阿武隈川（福島・宮城）	239km
7	最上川（山形）	229km
8	木曽川（長野・岐阜・愛知・三重）	229km
9	天竜川（長野・愛知・静岡）	213km
10	阿賀野川（群馬・福島・新潟）	210km

青ナイル川
ナイル川の支流のひとつで、タナ湖から流れ出し、白ナイル川に合流します。

タナ湖

白ナイル川
ナイル川の支流のひとつで、ビクトリア湖から流れ出し、青ナイル川と合流します。

2,326.3km
新幹線の新函館北斗駅から鹿児島中央駅までのきょり

0km　1,000km　2,000km　3,000km

信濃川（367km）
日本でいちばん長い川です。日本アルプスの山々を源流として、長野県・新潟県を流れ、日本海に注ぎます。

ライン川（1,233km）
ヨーロッパを流れる川で、アルプス山脈から北海に注ぎます。川下りの観光コースとして有名ですが、物を運ぶ重要な道としても利用されています。

カラクム運河（1,375km）
中央アジアのトルクメニスタンを通る運河です。さばく地帯を流れます。

約2,244km
北海道札幌市から沖縄県那覇市までのきょり

ガンジス川（2,510km）
ヒマラヤ山脈からベンガル湾に注ぐ川です。聖なる川にはお祈りにたくさんの人がおとずれます。

日本列島の長さ（択捉島から与那国島まで）約3,200km

写真／アフロ

ドイツのライン川を行く貨物船

ガンジス川でもくよくする人々

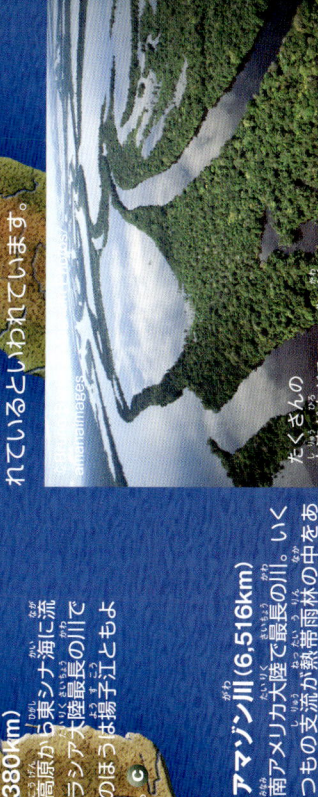

（国立天文台編 理科年表 平成28年ほか）

（国立天文台編 理科年表 平成28年ほか）

川の流域面積ランキング

【世界】

1　アマゾン川（南アメリカ）……705万km²
2　コンゴ川（アフリカ）……370万km²
3　ナイル川（アフリカ）……334万9,000km²
4　ミシシッピ川（北アメリカ）……325万km²
5　ラプラタ川（南アメリカ）……310万km²

【日本】

1　利根川（群馬・栃木・埼玉・東京・茨城・千葉）……1万6,840km²
2　石狩川（北海道）……1万4,330km²
3　信濃川（長野・新潟）……1万1,900km²
4　北上川（岩手・宮城）……1万150km²
5　木曽川（長野・岐阜・愛知・三重）……9,100km²

■ 流域面積とアマゾン川

ふった雨や雪がその川に流れこむはんいのことを「流域」といい、その面積を「流域面積」といいます。アマゾン川は流域面積では世界第2位ですが、長さでもひときわ大きくて世界一で、なんと日本列島の面積の18倍以上にもなります。そのはんいは、ブラジル、ペルー、ボリビア、エクアドル、コロンビアなどにおよびます。また、流れる水の量も世界一で、世界の地表にある水の約20%が、アマゾン川を流れているといわれています。

マーレー川（3,672km）

オーストラリア大陸でいちばん長い川で、蒸気船など使ったクルーズツアーが人気です。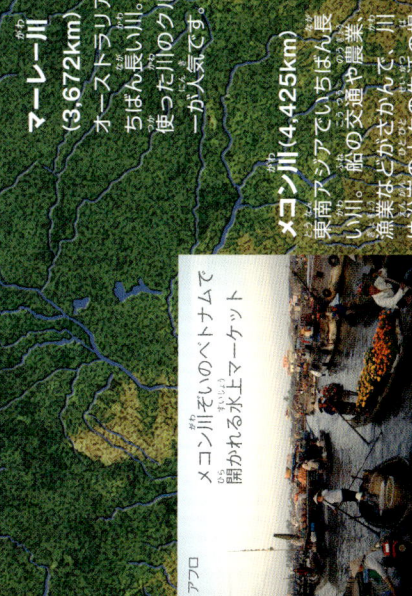

メコン川（4,425km）

東南アジアでいちばん長い川。船の交通がさかんで、農業・漁業などにも使われて、川は沿岸の人々の生活の場となっています。

写真：アフロ

メコン川ぞいのベトナムで開かれる水上マーケット

ピクトリア湖

世界第3位の面積をもつ湖です。周りの川のたくさんの川から流れ出ていますが、そこから流れ出ていくのはナイル川だけです。

オビ川（5,568km）

ロシア中部・シベリアを流れて北極海に注ぎます。夏は流れる水の量が多いのに対して、冬は氷の川になり、水の川とともに流れなくなります。

ミシシッピ川（5,969km）

メキシコ湾に注ぐ、北アメリカ大陸でいちばん長い川です。物などを運ぶためにも利用されています。

長江（6,380km）

チベット高原から東シナ海に流れるユーラシア大陸最長の川で、下流のほうは揚子江ともはよばれます。

東京からハワイまできより約6,200km

アマゾン川（6,516km）

南アメリカ大陸で最長の川。いくつもの支流が熱帯雨林の中であみの目のように流れこみます。

ナイル川（6,695km）

日本列島の南北の長さの約2倍の長さがあり、時速320kmの新幹線で、約21時間かかります。河口からまっすぐのぼると、アフリカ大陸を南北に縦断して南アフリカ共和国までとどきます。

世界最長

写真：アフロ

ナイル川のほとりにある遺跡である、アブ・シンベル神殿

ナイル川もアマゾン川も、また発見されていない源流がある といわれています。新たな源流が発見されれば、川の長さが変わり、順位も変わる可能性があります。

山の高さ
―富士山の2倍以上!?

人間がつくった建造物の高さは、たかだか数百m。
山の高さとすれば、ほんの小さな山にすぎません。
日本一の富士山も、ヒマラヤの山にくらべたら半分にもなりません。
世界の山をくらべてみましょう。

世界の山の高さランキング

1. エベレスト山（ヒマラヤ山脈）……………… 8,848m
2. K2（カラコルム山脈）………………………… 8,611m
3. カンチェンジュンガ山（ヒマラヤ山脈） 8,586m
4. ローツェ山（ヒマラヤ山脈）………………… 8,516m
5. マカルー山（ヒマラヤ山脈）………………… 8,463m
6. チョーオユ山（ヒマラヤ山脈）……………… 8,201m
7. ダウラギリ山（ヒマラヤ山脈）……………… 8,167m
8. マナスル山（ヒマラヤ山脈）………………… 8,163m
9. ナンガパルバット山（ヒマラヤ山脈）… 8,126m
10. アンナプルナ山（ヒマラヤ山脈）……… 8,091m

モンブラン山（4,810m）⑪
アルプス山脈にあり、ヨーロッパ
大陸でいちばん高い山です。

ジャヤ山（4,884m）⑬
ニューギニア島にあり、島にある山の
中では、世界でいちばん高い山です。

ビンソンマッシーフ（4,897m）⑫
南極大陸でいちばん高い山です。

マウナケア山（4,205m）⑭
ハワイ島にある巨大な火山です。
山頂では、冬に雪がふります。

アオラキ山（3,724m）⑮
ニュージーランドでいちばん高い山です。美しい氷河
などで有名な観光地です。クック山ともいいます。

太陽系の惑星でいちばん高い山

太陽系の惑星でいちばん高い
山は、火星のオリンポス山と
いう火山です。高さは、約2万
5,000mもあり、エベレスト山
の約3倍、富士山の約7倍で
す。山頂にあるカルデラは、直
径が約80kmあり、富士山がす
っぽり入ってしまいます。

オリンポス山

エベレスト山

富士山

（国立天文台 編「理科年表 平成28年」ほか）

高尾山（599m）㉑
東京都八王子市にある山で、首都圏の
身近な観光地として親しまれています。

東京タワー（333m）

ハワイ島のマウナロア山は、長さ120km、はば50kmもあり、島の面積の半分をしめています。また、体積の80％以上が海中にあります。

チョーオユ山 (8,201m) ❶
エベレストの北西にあります。チベット語で「トルコ玉の女神」という意味です。

ローツェ山 (8,516m) ❶
エベレストの南3kmにあります。チベット語で「南のみね」の意味です。

K2 (8,611m) ❷
「K2」とは、測量の記号でしたが、現在では正式な名前です。

エベレスト山 (8,848m) ❶
ヒマラヤ山脈の中央部にある世界一高い山。チベット語では「チョモランマ」といいます。

世界最高

ダウラギリ山 (8,167m) ❶
ヒマラヤ山脈のネパール側にあります。サンスクリット語で「白い山」の意味です。

マカルー山 (8,463m) ❶
ヒマラヤ山脈中央、エベレストの南東にあり、登山のむずかしい山として知られています。

カンチェンジュンガ山 (8,586m) ❶
ヒマラヤ山脈東部にあります。チベット語で「5つの大きな雪のくら」の意味です。

アコンカグア山 (6,959m) ❸
アンデス山脈にある、南北アメリカ大陸でいちばん高い山。5,000m以上は、雪と氷におおわれています。

サハマ山 (6,542m) ❹
アンデス山脈にある火山ですが、歴史上、噴火の記録はありません。

エルブルース山 (5,642m) ❾
ロシアの南西のカフカス山脈でいちばん高い山です。

キリマンジャロ山 (5,892m) ❻
アフリカ大陸でいちばん高い山。スワヒリ語で「かがやく山」の意味です。

デナリ山 (6,194m) ❺
北アメリカ大陸でいちばん高い山です。「マッキンリー山」とよばれていました。

アララト山 (5,165m) ❿
トルコでいちばん高い山です。ノアの箱舟が着いた場所という伝説があります。

ケニア山 (5,199m) ❼
アフリカ大陸で2番目に高い山です。国の名前「ケニア」はこの山からつけられました。

ルウェンゾリ山 (5,110m) ❽
アフリカの中央部、ウガンダとコンゴ民主共和国の国境にある山です。

マッターホルン山 (4,478m) ⓫
アルプス山脈にあります。切り立った北側のかべは登山のむずかしいことで有名です。

富士山 (3,776m) ⓰
日本でいちばん高く、噴火記録もたくさんある火山です。信仰の対象にもなっていました。

立山 (3,015m) ⓱
飛騨山脈にあり、多くのみねが連なっています。富士山、白山とともに日本三名山のひとつです。

白山 (2,702m) ⓲
石川県と岐阜県のさかいにある火山で、古くから信仰の山として知られています。

阿蘇山 (1,592m) ⓳
熊本県の北東にある火山。世界最大級のカルデラとして世界的に有名です。

御岳 (1,117m) ⓴
鹿児島県の桜島でいちばん高いみねです。歴史上、何度も噴火をくり返しています。

日本の山の高さランキング

	山名	所在地	高さ
❶	富士山	(山梨・静岡)	3,776m
❷	北岳	(山梨)	3,193m
❸	奥穂高岳	(長野・岐阜)	3,190m
❸	間ノ岳	(山梨・長野・静岡)	3,190m
❺	槍ヶ岳	(長野・岐阜)	3,180m
❻	荒川岳[東岳]	(静岡)	3,141m
❼	赤石岳	(長野・静岡)	3,121m
❽	涸沢岳	(長野・岐阜)	3,110m
❾	北穂高岳	(長野・岐阜)	3,106m
❿	大喰岳	(長野・岐阜)	3,101m

日本でいちばん低い山は宮城県仙台市にある日和山（標高3m）で、⌐丁の山です。自然の山では、徳島市の弁天山（標高6.1m）です。

さばく－日本24こ分!?

さばくといえば、見わたすかぎりのすなの世界。
でも、すなの海が広がるさばくは、じつは、さばく全体の
ごく一部にすぎません。世界のさばくをくらべてみましょう。

■さばくの種類

さばくは、雨の量がとても少なく、水が不足するために、
植物がほとんど育たない地域のことです。
日本の鳥取砂丘は、風によってすながたまってできた地形なので、
さばくではありません。岩石がむき出しになっているさばくを「岩石さばく」、
小石におおわれたさばくを「れきさばく」、すなにおおわれたさばくを「すなさばく」といいます。

世界最大

サハラさばく①
（907万㎢／日本 約24こ分）
アフリカ大陸の北に広がる世界最大のさばくです。すなさばくだけでなく、岩石さばくとれきさばくもあります。

写真：オアシス

北アメリカさばく⑤
（130万㎢／日本 約3.4こ分）
アメリカの西部からメキシコにかけて広がるさばくです。一部はすなに石こうがふくまれた、白いさばくになっています。

ゴビさばく⑥
（130万㎢／日本 約3.4こ分）
モンゴル高原の中部に広がるさばくです。「ゴビ」とは、あれ地の意味で、れきさばくやさばく性ステップという短い草の生えた草原が広がっています。

カラハリさばく⑨
（57万㎢／日本 約1.5こ分）
アフリカ南部のさばくです。標高1,000mほどの地帯に、背の低い草木が生える平原が広がっています。雨季にまとまって雨がふります。

タクラマカンさばく⑩
（52万㎢／日本 約1.4こ分）
中国北西部に広がるさばくです。高い山脈に囲まれている地形から、雨が少なく、かんそうしています。東西を行き来する街道があります。

イランさばく⑪
（39万㎢／日本 約1こ分）
イランからパキスタン西部にかけてのさばくです。北部には塩を多くふくんだ土のさばく、南部には主にすなやれきのさばくが広がっています。

すなさばくはさばく全体の20％ほどです。サハラさばくでもすなさばくの部分は20％ほどで、すなさばくが多い中国のさばくでも50％にとどきません。

©Colin Monteath/Hedgehog House/Minden Pictures/amanaimages

オーストラリアさばく②
（337万㎢／日本 約9こ分）
オーストラリア大陸の40％以上をしめます。そのため、この大陸はかんそう大陸とよばれます。すなさばくとれきさばくがまじり合っています。

写真：アフロ

アラビアさばく③
（246万㎢／日本 約6.5こ分）
アラビア半島を中心に、イランの西部までのびるさばくです。北部と南部にすなさばくが広がっています。世界最大の産油地域でもあります。

写真：アフロ

トルキスタンさばく④
（194万㎢／日本 約5こ分）
カスピ海の東に広がるさばくです。黒いすなや赤いすなのさばくが広がっています。冬には寒気が流れこみ、雪がふるところもあります。

パタゴニアさばく⑦
（67万㎢／日本 約1.8こ分）
南アメリカ南部のさばくです。草と低木におおわれ、ところどころに「サラール」とよばれる塩原（塩におおわれた原）があります。

写真：アフロ

タールさばく⑧
（60万㎢／日本 約1.6こ分）
パキスタンからインド西部にかけて広がるさばくです。大インドさばくともよばれます。多くの地域が砂丘でおおわれています。

©Chris R. Sharp/Science Source/amanaimages

アタカマさばく⑫
（36万㎢／日本 約1こ分）
南アメリカ大陸の太平洋岸に位置します。世界で最も降水量の少ない地域で、数年に一度しか雨がふらないところもあります。

■さばくの大きさくらべ
世界には、日本の面積よりもはるかに広いさばくがあります。

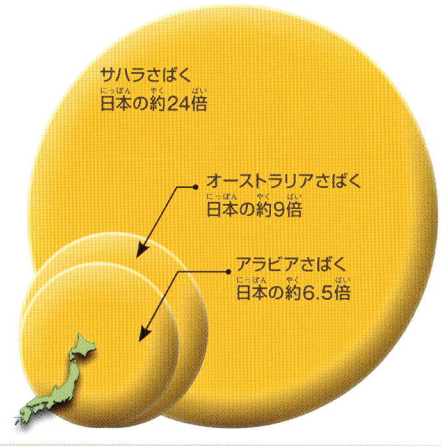

サハラさばく
日本の約24倍

オーストラリアさばく
日本の約9倍

アラビアさばく
日本の約6.5倍

さばくの面積ランキング

1	サハラさばく（アフリカ）	907万㎢
2	オーストラリアさばく（オーストラリア）	337万㎢
3	アラビアさばく（アジア）	246万㎢
4	トルキスタンさばく（アジア）	194万㎢
5	北アメリカさばく（北アメリカ）	130万㎢
6	ゴビさばく（アジア）	130万㎢
7	パタゴニアさばく（南アメリカ）	67万㎢
8	タールさばく（アジア）	60万㎢
9	カラハリさばく（アフリカ）	57万㎢
10	タクラマカンさばく（アジア）	52万㎢
11	イランさばく（アジア）	39万㎢
12	アタカマさばく（南アメリカ）	36万㎢

（国立天文台編『理科年表 平成28年』）

テマリカタヒバというさばくの植物は、ふだんはかれているように見えますが、雨がふるとたちまち葉が緑色になって光合成を始めます。

岩−ウルルが東京に出現!?

オーストラリアにある岩山、ウルル（エアーズ・ロック）。
先住民アボリジニの聖地で、世界遺産にもなっています。
周囲は約9.4kmもありますが、1つの岩でできています。
いったい、どれぐらいの大きさなのでしょうか？

©Steven David Miller/NaturePL/amanaimages

東京タワー
（333m）

クフ王のピラミッド
（139m）

牛久大仏
（120m）

古座川の一枚岩
（100m）

ピサの斜塔
（55m）

オーストラリアの中央にあるウルル
（エアーズ・ロック）

■ウルル（エアーズ・ロック）の高さ

標高（海面からの高さ）は
868mですが、地表からは335mで、
東京タワーとほぼ同じくらいの高さです。
いろいろなものとくらべてみましょう。

東京タワー

写真：アフロ

和歌山県古座川町にある古座川の一枚岩。
高さ100m、はば500m。国の天然記念物です。

東京駅

SHOGAKUKA

クフ王のピラミッドは、紀元前2550年ごろにつくられました。高さ約147mでしたが、現在はてっぺんが欠けてしまっています。→p.111

マウント・オーガスタス
(約8km)

ウルル
(約3km)

東京ドーム
(約200m)

万博記念公園(約3km)

大山古墳
(約486m)

皇居
(約2.5km)

■ウルル(エアーズ・ロック)の大きさ
長さは約3km、はばは約1.6km、周囲は約9.4kmもあります。
いろいろなものとくらべてみましょう。

世界最大

西オーストラリアにある、世界最大の一枚岩、マウント・オー
ガスタス(バリングラ)。ウルルの2倍以上の大きさがあります。

写真：アフロ

**■ウルル(エアーズ・ロック)が
東京にあったら・・・**
皇居(江戸城)は、すっかりおおわれてしまいます。
ウルルは、長い年月をかけて、風や雨に浸食されて、
このような形になったと考えられています。

東京ドーム

御茶ノ水駅

地震－マグニチュードを電池にたとえると!?

日本は世界の中でも、特に地震が多い国です。ときには、がんじょうなビルさえ、たおしてしまう大地震。
大地震のエネルギーとは、いったいどれぐらいのものなのでしょうか。

■マグニチュードとエネルギー

マグニチュード（M）とは、地震そのもののエネルギーの大きさを表す単位です。
マグニチュードが、1大きくなるとエネルギーは約32倍に、2大きくなると
1,000倍になります。マグニチュード7（M7）の地震のエネルギーは、
強力なTNT火薬で約48万tにあたるといわれています。
M7を乾電池1ことして地震のエネルギーをくらべてみましょう。

写真：毎日新聞社／アフロ

2011年
東北地方太平洋沖地震
2011年3月11日に巨大地震が起き、大津波が太平洋岸をおそいました。大きな被害のあったなか、岩手県陸前高田市の松は大津波をたえぬき、「奇跡の一本松」とよばれました。

マグニチュードの大きな地震 ※20世紀以降

1. 1960年 チリ地震（チリ）……………M9.5
2. 1964年 アラスカ地震（アメリカ）……M9.2
3. 2004年 スマトラ島沖地震（インドネシア）…M9.1
4. 2011年 東北地方太平洋沖地震（日本）……M9.0
4. 1952年 カムチャツカ地震（ロシア）………M9.0
6. 2010年 チリ地震（チリ）………………M8.8
6. 1906年 エクアドル・コロンビア地震（南アメリカ）
　　　　………………………………M8.8
8. 1965年 ラット諸島地震（アメリカ）………M8.7

※2016年5月現在、1980年以前は推定された数値です。
（アメリカ地質調査所ホームページなどより）

M8.0より大きいものを
巨大地震とよびます。

M8.5
（乾電池180こ）
1920年 海原地震（中国）

M8.0
（乾電池32こ）
1891年 濃尾地震（日本）

M7.9
（乾電池22こ）
1923年 関東地震（日本）

M7.8
（乾電池16こ）
1976年 唐山地震（中国）

M7.3
（乾電池3こ）
1995年 兵庫県南部地震（日本）
2016年 熊本地震（日本）

M7.0
（乾電池1こ）

M7.0より大きな地震を**大地震**とよびます。

日本で初めての地震学者!?

日本で起きた地震の最古の記録は、古墳時代の416年の地震です。日本で初めて地震の記録をまとめたのは、学問の神様としてまつられる菅原道真（845～903年）だといわれています。過去の地震を研究するのも、地震を知る上で大切なことです。

●主な古い地震
869年 貞観地震（M8.3）
887年 仁和地震（M8.0～8.5）
1498年 明応地震（M8.2～8.4）
1707年 宝永地震（M8.4～8.6）
1854年 安政東海地震（M8.4）
1854年 安政南海地震（M8.4）

■地震の被害
（死者・行方不明者数）

ハイチ地震
M7.3（2010年）……31万6,000人

中国・唐山地震
M7.8（1976年）……24万2,800人

中国・海原地震
M8.5（1920年）……23万5,502人

スマトラ島沖地震
M9.1（2004年）……22万7,898人

関東地震
M7.9（1923年）……10万5,000人

東北地方太平洋沖地震
M9.0（2011年）……2万2,010人

兵庫県南部地震
M7.3（1995年）……6,434人

※20世紀以降の地震。推定値を含みます。

TNT火薬は、爆発力の基準として使われる物質です。1けんの家をこわすのに、1tのTNT火薬が必要といわれています。

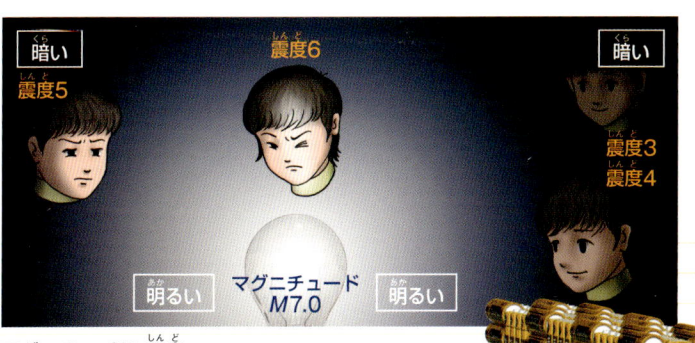

マグニチュードと震度

マグニチュードが地震そのものの大きさを表すのに対して、震度はそれぞれの場所でのゆれの大きさを表します。上の図で、明るさが電球からはなれるほど暗くなるように、震度も地震が発生した場所（震源）からはなれるほど小さくなります。

M9.0
（乾電池1,000こ）

2011年 東北地方太平洋沖地震（日本）

1960年 チリ地震

チリ南部の沖合を震源に起きた巨大地震です。大津波はチリだけでなく、ハワイや日本にもとどき、被害が出ました。

写真：AP／アフロ

M9.5
（乾電池5,600こ）

20世紀最大

1960年 チリ地震（チリ）
TNT火薬約26億t分のエネルギーです。

■世界の主なプレート

プレートとは、地球の表面をおおっている、岩石の板のようなものです。プレートのさかい目では、プレートどうしが近づいたり、はなれたり、すれちがったりしているため、地震が多く起きます。日本のあたりにもプレートのさかい目があります。そのため、世界の中でもわりあい地震が多いのです。

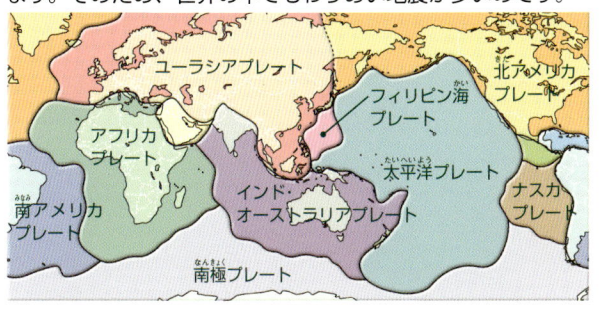

津波は新幹線よりも速い!?

津波は、海での地震や海底火山の噴火などが原因で起こり、ときには長いきょりを伝わります。1960年のチリ地震では、約1万7,000kmもはなれた日本に、地震発生から約22時間半で第1波がとどきました。津波の速さは、鉄道世界最速記録をもつリニアモーターカーL0系（→p.106）よりも速く、時速750km以上になることがあります。津波警報が出たら、安全な場所に、早くひなんしましょう。

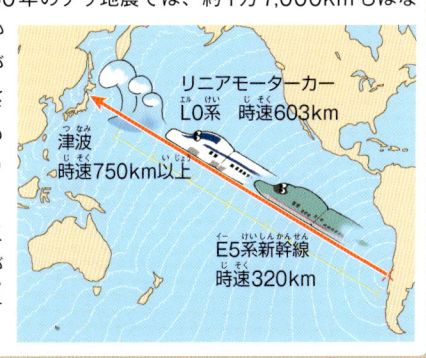

リニアモーターカー L0系　時速603km

津波 時速750km以上

E5系新幹線 時速320km

（国立天文台 編『理科年表 平成28年』ほか）

火山—噴煙はオゾン層をこえる!?

火山は温泉などのめぐみもあたえてくれますが、おそろしい噴火も起こします。火口からは吹き出される噴煙は、最大でどのくらいの高さまで達するのでしょうか？

日本には、活火山が110あります。火山は温泉などのめぐみもあたえてくれますが、おそろしい噴火も起こします。火口から吹き出される噴煙は、最大でどのくらいの高さまで達するのでしょうか？

※日本の活火山は、過去1万年以内に噴火した火山および、現在活発な噴気活動のある火山です。

火山災害による被害（死者数） ※18世紀以降	
1883年	クラカタウ（インドネシア）約3万6,000人
1902年	プレー（西インド諸島）約2万9,000人
1985年	ネバドデルルイス（コロンビア）約2万5,000人
1792年	雲仙岳（日本）約1万5,000人
1815年	タンボラ（インドネシア）約1万2,000人
1902年	サンタマリア（グアテマラ）約6,000人
1919年	ケルート（インドネシア）約5,000人
1822年	ガルングン（インドネシア）約4,000人
1772年	パパンダヤン（インドネシア）約3,000人
1951年	ラミントン（パプアニューギニア）約3,000人

※噴火によって、農作物がとれなくなって、被害が出ることもあります。1815年のタンボラの噴火では、火砕流などの被害が出たほかに、きかんで8万人もの死者が出たといわれています。

2015年の口永良部島の噴火
口永良部島は鹿児島県大隅諸島の火山島で、2014年にも噴火しました。一時は全島民が島外にひなんしました。（写真は約12km先はなれた屋久島から撮影）
© ITARU/SEBUN PHOTO /amanaimages

2015年のカルブコ（チリ）の噴火
2015年4月に、43年ぶりに噴火しました。噴煙高さは約15kmまで達しました。
© Marcelo / 500px / amanaimages

2014年の御嶽山の噴火
長野県と岐阜県にまたがる火山です。地下水がマグマで熱され、大量の水蒸気が噴出しました。
写真：毎日新聞社／アフロ

1991年のピナツボの噴火
20世紀最大きさほの噴火といわれています。
写真：TopFoto／アフロ

海底火山が島をつくった!?

海底にも火山がたくさんあります。海底火山が噴火すると、溶岩などが積もって新しい島ができることがあります。2013年に、小笠原諸島の西之島の近くで海底火山が噴火し、新しい島ができてきました。噴火は続き、新島と西之島がつながり、ひとつの島になりました。

2013年11月、海底火山が噴火。噴火口が海面にあらわれました。
写真：読売新聞／アフロ

2013年12月、新島と西之島が少しずつ近づいていきました。
写真：読売新聞／アフロ

新島と西之島は完全につながり、西之島手前にこの二つの島になりました。（写真は2015年11月撮影）

無人気球の最高高度記録（5万3,700m）

主な噴火の噴煙の高さ
（19世紀以降）

50km

40km

オゾン層（15〜30km）
オゾンがたくさんふくまれる層で、太陽の紫外線を吸収します。

クラカタウ（インドネシア）
噴煙の高さ　約25km
1883年の大噴火で、クラカタウ島の3分の2が消えてしまい、あとは巨大なくぼ地になりました。

（2万5,000m以上）
戦闘機

セントヘレンズ（アメリカ）
噴煙の高さ　約19km
1980年、大噴火。山頂部がくずれ落ちて消えてしまい、大きさなくほぼ地になりました。

上空
約10km

実際の噴煙は、左の図のように、大気の層のふかい目で横に広がっていきます。

タンボラ（インドネシア）

噴煙の高さ　約43km
1815年に記録史上最大の噴火を起こしました。噴火の音は、1,500km以上もはなれたところまで聞こえたといわれています。

（国立天文台編『理科年表 平成28年』ほか）

ベスイミアニ（ロシア）
噴煙の高さ　約36km
1956年に大噴火し、山頂部が爆発して185m低くなりました。

ピナツボ（フィリピン）
噴煙の高さ　約35km
1991年に600年ぶりに大噴火しました。火砕流さんの軽石と火山灰をふきだし、南西の山腹に火口ができました。

ジェット旅客機
（1万〜1万3,000m）

サンタマリア（グアテマラ）
噴煙の高さ　約34km
1902年に大噴火、たくさんの軽石と火山灰をふらせ、西で大噴火するど同時に、山頂からがんぼつしました。

カトマイ（アメリカ／アラスカ）
噴煙の高さ　約25km
1912年、山頂から10kmで大噴火が起こると同時に、噴火が起こり、たくさんの軽石がふりました。

有珠山（日本）
噴煙の高さ　約12km
1977〜78年に大噴火。4日をふくむ、十数回の噴火が起こりました。

富士山
（3,776m）

エベレスト山
（8,848m）

台風—日本列島がすっぽい!?

毎年、夏の終わりごろから、ひんぱんにやってくる台風。よく「大型の台風」とか、「ひじょうに強い勢力」とかいいますが、その大きさや、風の強さとは、どれくらいなのでしょう。

また、どれくらいひんぱんに日本にやってくるのでしょうか。

さまざまな台風の記録を見ていきましょう。

■いろいろな台風の記録

台風は、北西太平洋の熱帯や亜熱帯で発生する低気圧（熱帯低気圧）のうち、最大風速が秒速17m（時速61.2km）以上になるものです。

ときに直径2,000km以上もの大きさになり、最大風速も秒速60mをこえることもあります。

また、台風の中心気圧が低いほど強い台風になります。

台風の大きさと強さ

台風の大きさと強さは、次のように分けられます。

台風の大きさ	強風域（最大風速秒速15m以上）
大型（大きい）	半径500km以上 800km未満
超大型（ひじょうに大きい）	半径800km以上

台風の強さ	最大風速
強い	秒速33m以上44m未満
ひじょうに強い	秒速44m以上54m未満
もうれつな	秒速54m以上

直径の大きかった台風

- 1997年 台風13号 約2,400km
- 1997年 台風25号 約2,200km
- 1990年 台風12号 約2,200km
- 1987年 台風13号 約2,200km
- 1955年 台風12号 約2,100km

最大風速が秒速15m以上のはんい（強風域）が最も大きかった時の値です。

上陸時の中心気圧が低かった台風

- 室戸台風（1934年9月） 911.6hPa
- 枕崎台風（1945年9月） 916.1hPa
- 第2室戸台風（1961年9月） 925hPa
- 伊勢湾台風（1959年9月） 929hPa
- 1993年 台風13号 930hPa

最大風速

- 1965年 台風23号 秒速69.8m
- 第2宮古島台風（1966年9月） 秒速60.8m
- 第2室戸台風（1961年9月） 秒速55.7m
- 1977年 台風5号 秒速53.0m
- 1964年 台風20号 秒速50.2m

沖縄県那覇市と北海道札幌市のきょりは、約2,244km。

1997年台風13号の衛星画像。最大風速が秒速15m以上のは、この画像の最大で時て直径2,100km。最大で2,400kmにもなりました。

hPa（ヘクトパスカル）は、圧力の単位で、圧力の変化をあらわすのに使われます。気圧を表すのにも使われます。地表の平均的な気圧は1,013.25hPaで、これを1気圧といいます。

（気象庁「気象年鑑 2015年版」、国立情報学研究所「デジタル台風」ほか）

■台風（タイフーン）・ハリケーン・サイクロンのちがい

熱帯や亜熱帯のあたたかい海で発生する熱帯低気圧は、地域によってちがう名前でよばれます。北西太平洋に発生する熱帯低気圧のうち、最大風速が秒速約32m以上のものは、タイフーンとよばれます。日本では、中心付近の最大風速秒速17m以上のものから、「台風」とよんでいます。

2006年台風13号の衛星画像

画像提供：気象庁

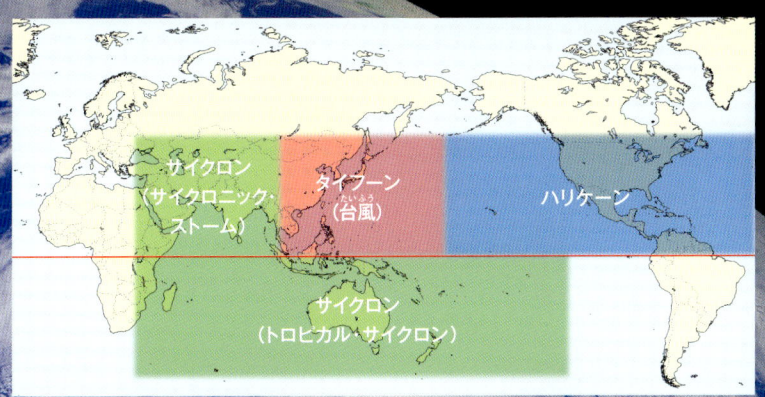

うずまきの方向

台風のうずまきは、地表近くのあたたかくしめった空気の流れで、北半球では反時計回り、南半球では時計回りになります。台風はすべて反時計回りであるのに対して、サイクロンには両方の回転方向のものがあります。

写真：オランス

2005年にオーストラリアをおそったサイクロン・イングリット。北半球の台風とちがい、うずまきが時計回りになっています。

■台風の上陸回数

台風が北海道、本州、四国、九州の海岸に達することを「上陸」といいます。早いものでは、4月に上陸した台風もあります。

上陸回数の多い都道府県（1951〜2015年）
沖縄県や、そのほかの都道府県の離島を横切ることは「通過」といい、上陸とはいいません。

⑥愛知県 12回
③和歌山県 22回
⑩徳島県 5回
⑧熊本県 8回
⑨千葉県 7回
⑤長崎県 15回
④静岡県 19回
②高知県 26回
⑦宮崎県 12回
⑩神奈川県 5回
①鹿児島県 39回

月別の上陸回数（1951〜2015年）

上陸がいちばん早かった台風
1956年 台風3号
4月25日

上陸がいちばんおそかった台風
1990年 台風28号
11月30日

月	4	5	6	7	8	9	10	11
（個）	1	2	11	31	64	60	16	1

気象のびっくり記録

日本では、夏になると、暑さや大雨がよくニュースになります。
また、冬には大雪が話題になることもしばしばです。
世界ではどうなのでしょう？ さまざまな気象の記録をくらべてみましょう。

最大風速と最大瞬間風速

10分間の風の速さを平均したものが「風速」で、その最大値が「最大風速」です。また、「瞬間風速」は、0.25秒ごとにはかった風の速さを3秒間で平均したもので、最大値が「最大瞬間風速」です。なお、国際的には風速を10分間ではなく1分間の平均から求めます。

最大風速	最大瞬間風速
10分間平均の最大値（国際的には1分間）	3秒間平均の最大値

■気温の記録

56.7℃

世界の最高気温（56.7℃）
[デスバレー国立公園（アメリカ）]
1913年に、デスバレー国立公園のファーネイス・クリーク・ランチで記録されました。

写真：アフロ

気温差が最大（約105℃）
[ベルホヤンスク（ロシア）]
最高気温の記録が37℃、最低気温は、オイミャコンの公式記録と同じ−68℃を記録しています。

124.7℃差！

105℃差！

写真：ロイター／アフロ

人が住んでいる場所での最低気温（−68℃）
[オイミャコン（ロシア）]
1933年の記録です。非公式には、−71.2℃という記録もあります。

−68℃

世界の最低気温（−89.2℃）
[ボストーク基地（南極）]
1983年7月21日に記録された地球上で最も低い気温です。ボストーク基地はロシアの観測基地です。

−89.2℃

日本の最高気温（41.0℃）
[江川崎（高知県四万十市）]
2013年8月12日の記録です。江川崎の最低気温の記録は、1980年12月30日の−6.9℃です。

41.0℃

東京の最高気温（39.5℃）
2004年7月20日の記録です。じつは、那覇（沖縄県）の最高気温35.6℃より高い記録です。

最も高かった最低気温（30.8℃）
[糸魚川（新潟県糸魚川市）]
1990年8月22日の記録です。この日の最高気温は34.5℃、平均気温も32.3℃でした。

東京の最低気温（−9.2℃）
140年前の1876年1月13日の記録です。1981～2010年の1月の最低気温の平均は0.9℃です。

最も低かった最高気温（−32.0℃）[富士山]
1936年1月31日の記録で、この日の最低気温は−35.3℃、平均気温も−33.4℃でした。富士山の最低気温の記録は、1981年2月27日の−38.0℃です。

日本の最低気温（−41.0℃）[旭川（北海道）]
1902年1月25日の記録です。旭川の最高気温の記録は、1989年8月7日の36.0℃で、その差は77℃もあります。

−41.0℃

昭和基地の最低気温（−45.3℃）
1982年9月4日の記録です。昭和基地は日本の南極観測の基地です。昭和基地の最高気温の記録は1977年1月21日の10.0℃です。

©Hubertus Kanus, Science Source／アマナイメージズ

1日の中での気温差の世界記録は、56℃（7℃～−49℃）。1916年1月に、アメリカのモンタナ州ブラウニングで記録されました。

■世界の気象記録

消えない虹!

長く続いた虹（6時間）
［ウェザビー（イギリス）］
1994年の記録です。午前9時から午後3時まで、ひとつの虹が消えずに見られました。

雨が多い（最多年降水量2万6,470mm）
［チェラプンジ（インド）］
1860〜1861年の記録。1年間で、26mのスタンドがあるスタジアムがいっぱいになります。

スタジアムからあふれる!

ほとんど雨の日（1年間の雨の日 350日）
［ワイアレアレ山（ハワイ）］
標高1,569mの山頂では、1万6,916mmの年間降水量も記録されています。

350日が雨!

雪が多い（1日の最大降雪量198cm）
［マイル47キャンプ（アラスカ）］
1日でふった雪の量。1963年の記録です。

おとなもうまる!

はげしい雨（最大降水量1分間38.1mm）
［バス・テール島（グアドループ）］
1970年の記録です。この強さでふり続けたら、約35分で9歳男子の平均身長ほどになります。

30分でプールがいっぱい!

最も重いひょう（1.02kg）
［ゴパルガンジ（バングラデシュ）］
1986年の記録です。大きさがテニスボールほどの鉄の球がふってくるようなものです。

鉄球がふる!

オイミャコン（ロシア）

ベルホヤンスク（ロシア）

デスバレー国立公園（アメリカ）

新幹線より速い風（最大瞬間風速秒速113.2m）
［バロー島（オーストラリア）］
時速に直すと約408kmで、新幹線より速いスピードです。

時速400km以上!

最もかんそうした場所（14年間雨なし）
［アリカ（チリ）］
アリカは、最も雨の少ない地域のひとつであるアタカマさばくにある町です。

14年間雨なし!

■日本の気象記録
（2016年5月現在）

雨がたくさんふる（最大日降水量 851.5mm）
［魚梁瀬（高知県安芸郡馬路村）］
1時間では香取（千葉県）と長浦岳（長崎県長崎市）の153mm、10分間では室谷（新潟県東蒲原郡阿賀町）の50.0mmが最大です。

雪がたくさん積もる（最深積雪 1,182cm）
［伊吹山（滋賀県米原市）］
1927年2月14日の記録です。

糸魚川
旭川
富士山
東京
那覇
江川崎

日本最速の風（最大風速 秒速69.8m）
［室戸岬（高知県）］
山での記録もふくめると、富士山の秒速72.5mが最速です。最大瞬間風速は、平地では、宮古島（沖縄県）の秒速85.3mが、山では、やはり富士山の秒速91.0mが、最速の記録です。

（気象庁『気象年鑑2015年版』ほか）

**ハーモニー・
オブ・ザ・シーズ** → p.101
2016年5月に就航した
クルーズ客船で、全長362mもあり、
2016年5月現在、世界最大です。
大きな船体を動かすために、
巨大なスクリュープロペラを
そなえています。

乗り物や建造物をくらべてみよう！

鉄道や自動車などの乗り物、橋やビルなどの建造物。
それは、とても大きかったり、とても速かったり。
科学技術を結集して、人間がつくり上げた、
乗り物や建造物をくらべてみましょう。

ブルジュ・ハリファ
→p.110
アラブ首長国連邦の
ドバイにある
高さ828mのビルです。
2016年5月現在、
世界一高い建造物です。

乗り物の大きさ①

乗り物や建造物をくらべてみよう！

世界最大の動物は、最大で体長33.6mのシロナガスクジラ。
わたしたちとくらべてみると、なんと大きいのでしょう。
しかし、乗り物に乗ってみたら、立場はぎゃく転。
シロナガスクジラもびっくりの大きな乗り物があります。
いろいろな乗り物の大きさをくらべてみましょう。

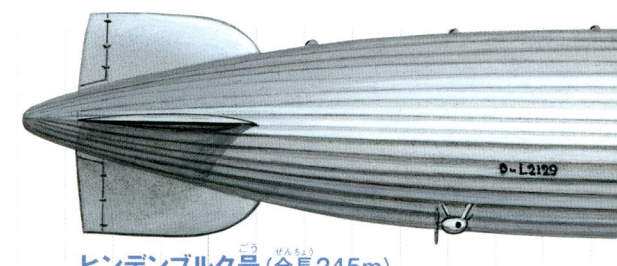

ヒンデンブルク号（全長245m）

ドイツで、20世紀の前半につくられた世界最大の飛行船。約70人の乗客と約50人の乗員を乗せ、大西洋を横断していました。

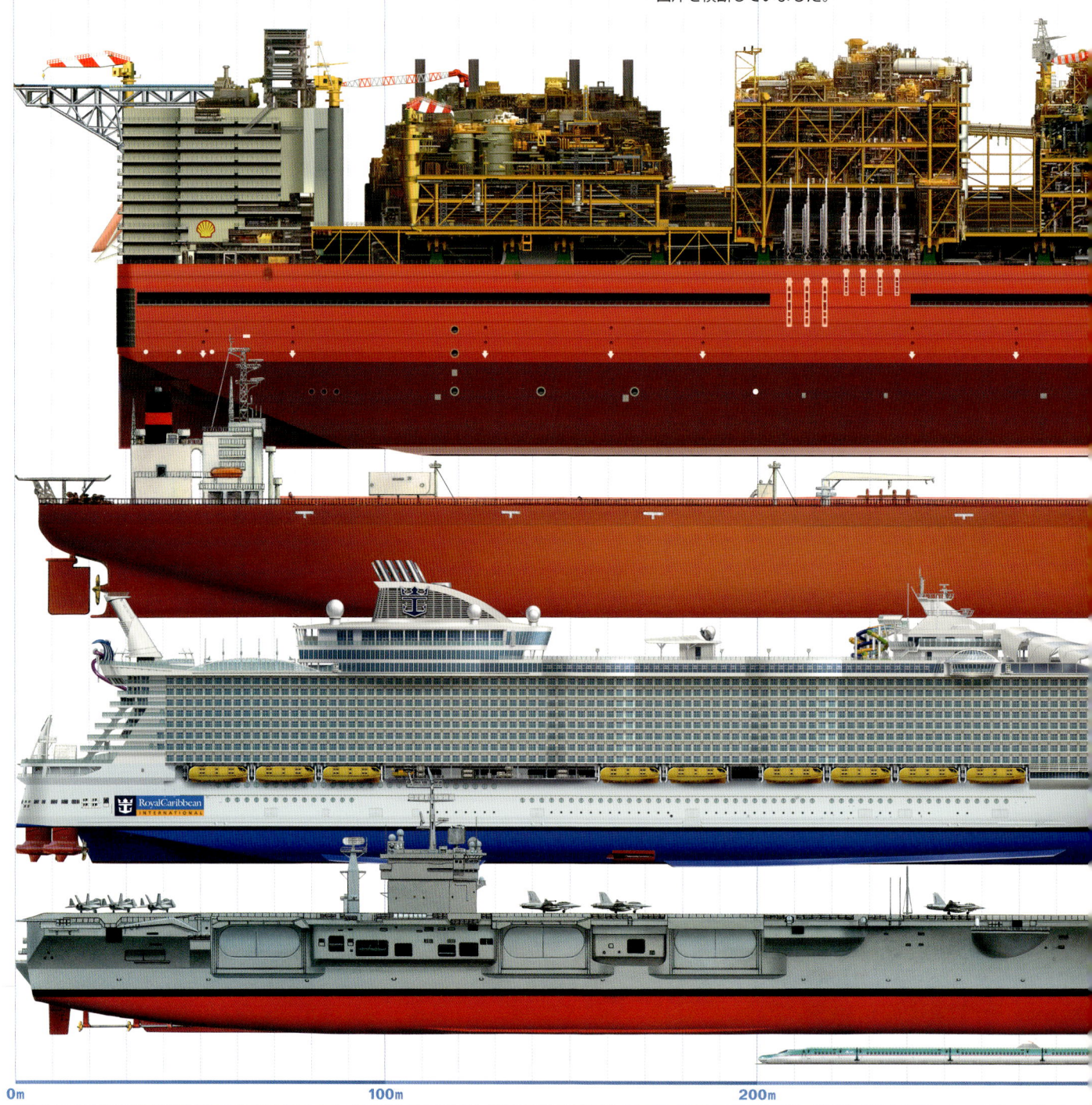

0m　　　　　　　　100m　　　　　　　　200m

　シーワイズ・ジャイアントは、ハッピー・ジャイアント、ヤーレ・ヴァイキング、ノック・ネヴィスなど、何度も名前が変わりました。

プレリュード（全長488m）

天然ガスを海底から引きこんで、海上で液体化などをする施設です。2016年5月現在、韓国の造船所で建造中で、完成すれば世界最大の船体になりますが、自力で進むことはできません。
※建造中のため、イラストは完成予想図です。

世界最大

ヒューズH-4スプルース・グース（全長66.65m）

翼の長さでは、97.51mの世界最大の飛行機。実際に飛んだのは、試験飛行の1回だけでした。

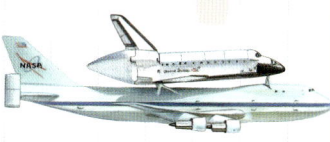

NASAシャトル輸送機（全長70.66m）

スペースシャトルを運ぶために、ジャンボ（ボーイング747-100）を、特別に改造した機体です。

エアバスA380-800（全長72.7m）

いちばん乗客数の多い旅客機です。機体全体が2階建てで、最大853席にできます。

シーワイズ・ジャイアント（全長458.45m）

自力で進むことができる乗り物としては、今までにつくられた中で世界最大です。原油を運ぶタンカーでした。石油などを入れておく施設としても使われました。

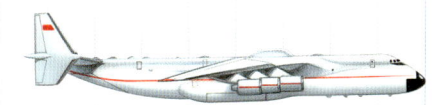

アントノフAn-225ムリヤ（全長84m）

旧ソ連が開発した、世界最大の輸送機。最大離陸重量は600tで、世界で最も重い飛行機です。

ハーモニー・オブ・ザ・シーズ（全長362m）

2016年に就航したクルーズ客船で、2016年5月現在、世界最大です。約5,400人の乗客が乗ることができます。まるで、巨大なホテルが航海しているようなものです。

原子力航空母艦ニミッツ級（全長332.9m）

軍艦としては、世界最大です。航空機を60機以上のせることができ、乗組員も5,000人以上です。

E5系とE6系新幹線

400m　　　　　　　　500m　　　　　　　　600m

西アフリカのモーリタニアの鉄鉱石を運ぶ貨物列車は、最大で210台の貨車を3〜4両の機関車で引き、長さは約3kmになることがあります。

乗り物の大きさ ②

セスナ172スカイホーク
（全長8.3m）
世界で、いちばん多くつくられています。
そのため、軽飛行機のことを、「セスナ」
とよぶほど、親しまれています。

ソユーズTMA-M
（全長 約7m）
2～3人乗りの宇宙船
です。宇宙空間では、
太陽電池パネルを船体
の左右に広げます。

MRJ90（全長35.8m）
日本で開発されている小型ジェット旅客機です。
88席と76席の2種類が開発されています。→p.107

ミルMi-26
（全長 約40m）
世界最大級のヘリコプターです。
ロシアでつくられました。80人
の乗客を乗せることができます。

連節バス（全長25m）
ブラジルのクリチバ市を走る、3両の連節バス。
270人も乗ることができます。

ユニオンパシフィック鉄道
4000形蒸気機関車 ビッグボーイ（全長 約40m）
世界最大級の蒸気機関車です。重さは500t以上。
動輪の直径は約1.7mで、おとなの身長ぐらいあります。

0m　　　　　　　　　20m　　　　　　　　　40m

世界最大の帆船は、全長134mのロイヤル・クリッパー号です。5本のマスト（帆をはる柱）があり、カリブ海などを航海しています。

キリン
（頭までの高さ 約6m）

アフリカゾウ
（肩までの高さ 約4m）

コンドル
（つばさを広げた長さ 約3m）

BD-5J（全長3.66m）
時速480kmで飛ぶことができる、
世界最小のひとり乗りジェット機です。

黒部峡谷鉄道
EDR形電気機関車（全長6.9m）
富山県を走る鉄道です。線路のはばがせまい
ので、小さな車両が活やくしています。

小学生
（9歳の平均身長 約133cm）

トヨタ カローラ・アクシオ
（全長4.4m）
日本でいちばん多くつくられた乗用車、
カローラの最新モデルです。

ホンダMC-β
（全長 約2.5m）
ふたり乗りの
電気自動車です。

0m　　5m　　10m　　15m

ヨット（全長 約8m）
レジャーやスポーツに
使われる船です。

シロナガスクジラ
（体長23〜27m、最大で約33.6m）

シャチ
（体長5.7〜8m、最大で約9.8m）

ロードトレイン（全長53.5m）
オーストラリアを走る、長いトラック
です。特別な許可がある場合などには、
100台以上のトレーラーをつないだも
のも運転されます。

コマツ960E（全長15.6m）
鉱山などで働く巨大なダンプトラック。
タイヤの直径は約4mで、アフリカゾウ
の肩までの高さと同じぐらいです。

E5系とE6系新幹線
（連結したとき 約400m）
E5系新幹線10両とE6系新幹線7両の2編成
を連結して17両で東北新幹線を走ります。

60m　　80m　　100m

乗り物の速さ①

100m走の世界記録でも、時速約38km。
しかし、人類は、乗り物を発明したことで、
自分たちの能力以上のスピードで移動できるようになりました。
いろいろな乗り物のスピードをくらべてみましょう。

ヒンデンブルク号
（時速 約135km）
大西洋を横断する旅客輸送していましたが、1937年に爆発事故が起こりました。→p.100

ライト・フライヤー号
（時速 約48km）
ライト兄弟が発明した飛行機です。

芦屋大学 スカイエース・ティガ
（時速 約91.3km）
太陽電池で走るソーラーカー。世界最速記録です。

京成スカイライナー
（時速 160km）
新幹線をのぞくと、日本最速の特急です。京成上野駅と成田空港駅を結びます。

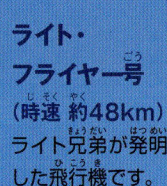

自転車
（時速15〜25km）

ヴェロックス3（時速 133.78km）
世界最速記録を出した自転車です。全体が風よけにおおわれています。

馬車
（時速15〜20km）

小学生
（時速 約19km）

ロケット号
（時速 約46km）
初期の鉄道で、世界記録を出した蒸気機関車です。

トヨタ カローラ・アクシオ
（時速 100km）
高速道路の法定速度です。→p.103

ドリーム・サファイア（時速 約95km）
空気の圧力で船体をうかせて走るホバークラフト。日本一の高速船でした。

クリッパー船
（時速30〜40km）
19世紀に活やくした大型の快速帆船です。

ジェットフォイル
（時速 約87km）
船底の水中翼によって船体をうき上がらせて走る水中翼船です。

0km/h	25km/h	50km/h	75km/h

航空機の速度は、ふつう対気速度（大気に対する機体のスピード）で表されます。地面に対するスピードは、対地速度といいます。

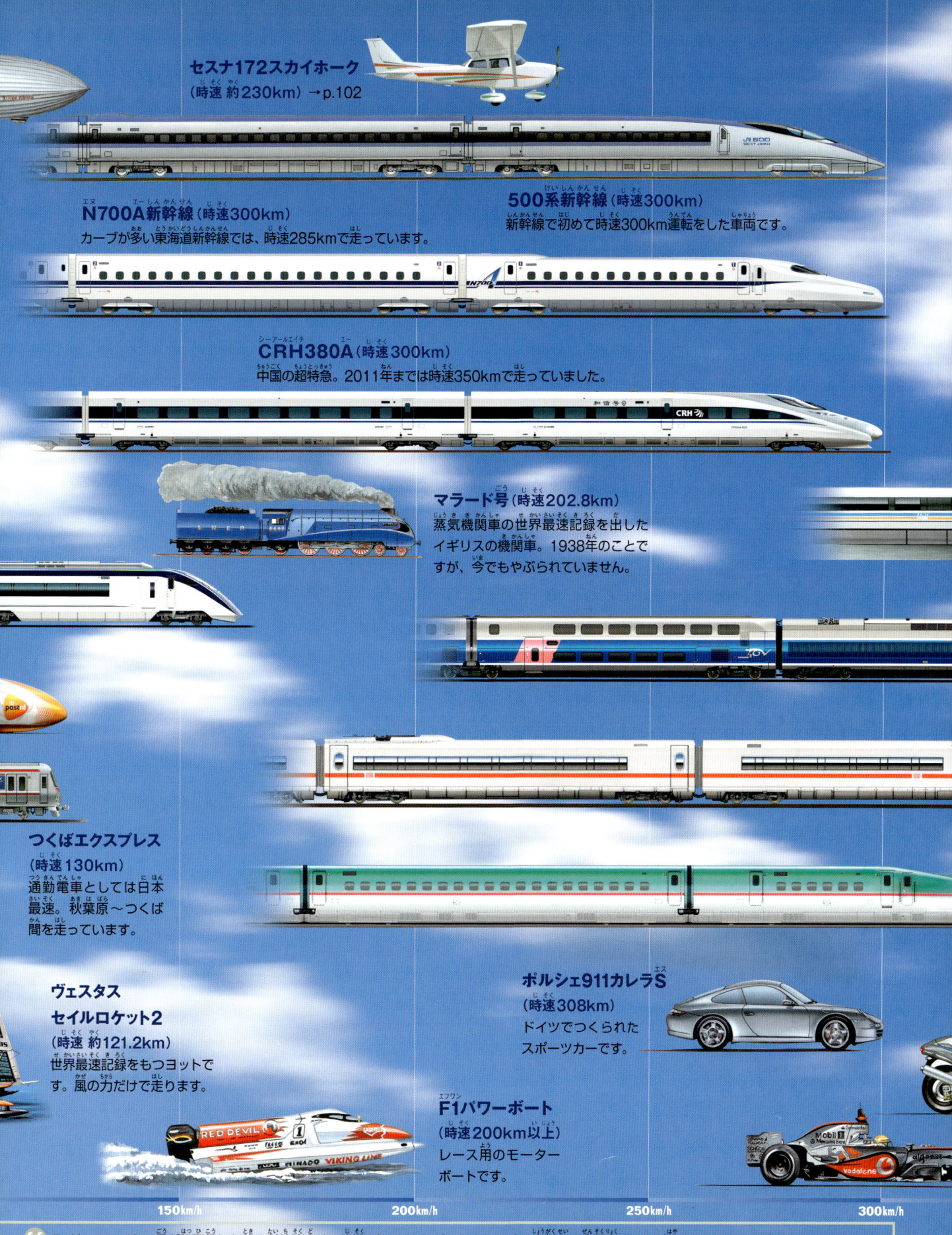

セスナ172スカイホーク
（時速 約230km）→p.102

N700A新幹線（時速300km）
カーブが多い東海道新幹線では、時速285kmで走っています。

500系新幹線（時速300km）
新幹線で初めて時速300km運転をした車両です。

CRH380A（時速300km）
中国の超特急。2011年までは時速350kmで走っていました。

マラード号（時速202.8km）
蒸気機関車の世界最速記録を出した
イギリスの機関車。1938年のことで
すが、今でもやぶられていません。

つくばエクスプレス
（時速130km）
通勤電車としては日本
最速。秋葉原～つくば
間を走っています。

ヴェスタス
セイルロケット2
（時速 約121.2km）
世界最速記録をもつヨットで
す。風の力だけで走ります。

ポルシェ911カレラS
（時速308km）
ドイツでつくられた
スポーツカーです。

F1パワーボート
（時速200km以上）
レース用のモーター
ボートです。

150km/h　　200km/h　　250km/h　　300km/h

ライト・フライヤー号が初飛行した時の対地速度は、時速10～16kmだったようです。小学生の全速力のほうが速かったかもしれません。

乗り物の速さ②

YS-11（時速 約470km）
1962年に初飛行して、40年以上も活やくした国産旅客機です。

ウエストランド リンクス（時速400.87km）
ヘリコプターの最速記録をもつ、軍用ヘリコプターです。

リニアモーターカー L0系（時速603km）
磁石の力で、車体をうかせて走ります。試験運転で、鉄道の世界最速を記録しました。

レイルトン（時速600km以上）
世界最速記録を最も長くもち続けた自動車です。1947年に、初めて時速600kmをこえました。

トランスラピッド（時速430km）
中国の上海で運転されている、ドイツ製のリニアモーターカーです。

TGV 2N2（時速320km）
フランスの超特急。主に国際列車として走っています。

ICE3（時速320km）
ドイツの超高速列車です。

ベンチュリVBB2.5（時速495km）
世界最速の電気自動車です。

E5系新幹線（時速320km）
日本最速の時速320kmで運転している新幹線です。

ダッジ・トマホーク（時速480km以上）
タイヤが4つあるオートバイです。

ヘネシー ヴェノムGT（時速435.3km）
アメリカの自動車会社が製造するスーパーカー。

マクラーレンF1（時速391km）
パワーも世界最高クラスです。

スズキ ハヤブサ1300（時速312km）
日本のメーカーが開発したオートバイです。

F1マシン（時速300km以上）
四輪自動車の最高クラスのレースです。

スピリット・オブ・オーストラリア（時速511.11km）
水上での世界最速の記録です。

300km/h　350km/h　400km/h　450km/h　500km/h　550km/h

TGVは、2007年4月の試験運転で、時速574.8kmの記録を出しました。これは、車輪のある鉄道では、最速記録です。

宇宙船のスピード

アメリカの有人宇宙船アポロ10号は、時速3万9,897kmの最高速度を記録しました。これは、人類が経験した、いちばん速いスピードです。

アポロ10号の司令船

世界最速

写真：アフロ

■マッハをこえる飛行機

ロッキード SR－71Aブラックバード
（時速3,529.56km）
マッハ3をこえる、ジェット機としての世界最速記録。ていさつ機として使われました。

ミグ25フォックスバット
（時速 約3,395km）
世界最速の戦闘機でした。

BAC／アエロスパシアル コンコルド
（時速 約2,169km）
マッハ2をこえる旅客機でした。

2,000km/h	2,500km/h	3,000km/h	3,500km/h

ボーイング787-8
（時速 約900km）
2011年に運航を開始した最新鋭のジェット機です。

MRJ90
（時速 約800km）
YS－11から、およそ50年ぶりに開発された国産旅客機です。2015年に初飛行しました。

スラストSSC
（時速1,227.985km）
2つの巨大なジェット・エンジンで、地上で、初めてマッハ1をこえました。

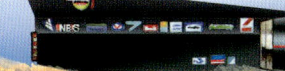
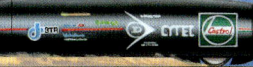

ブルー・フレーム
（時速1,014.5km）
ロケット・エンジンを使い、初めて時速1,000kmをこえました。

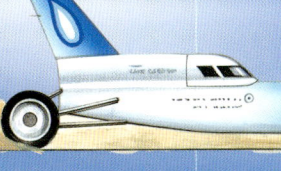

スピリット・オブ・アメリカ
（時速846.9km）
ジェット・エンジンを使って、初めて時速800kmをこえました。

700km/h	800km/h	900km/h	1,000km/h	1,100km/h	1,200km/h

空気のない宇宙空間では、乗り物は地球上よりもはるかに速く飛ぶことができます。ふつうの人工衛星でも、飛行機よりずっと速く飛んでいます。

建造物の大きさ－世界一の橋!?

わたしたちの周りには、いろいろな建造物があります。なかでも橋は身近な存在です。日本の明石海峡大橋は、橋をささえる柱と柱の間の長さ（スパン）では、世界のあらゆる形の橋の中でいちばんです。どれほど大きな建造物なのか、くらべてみましょう。

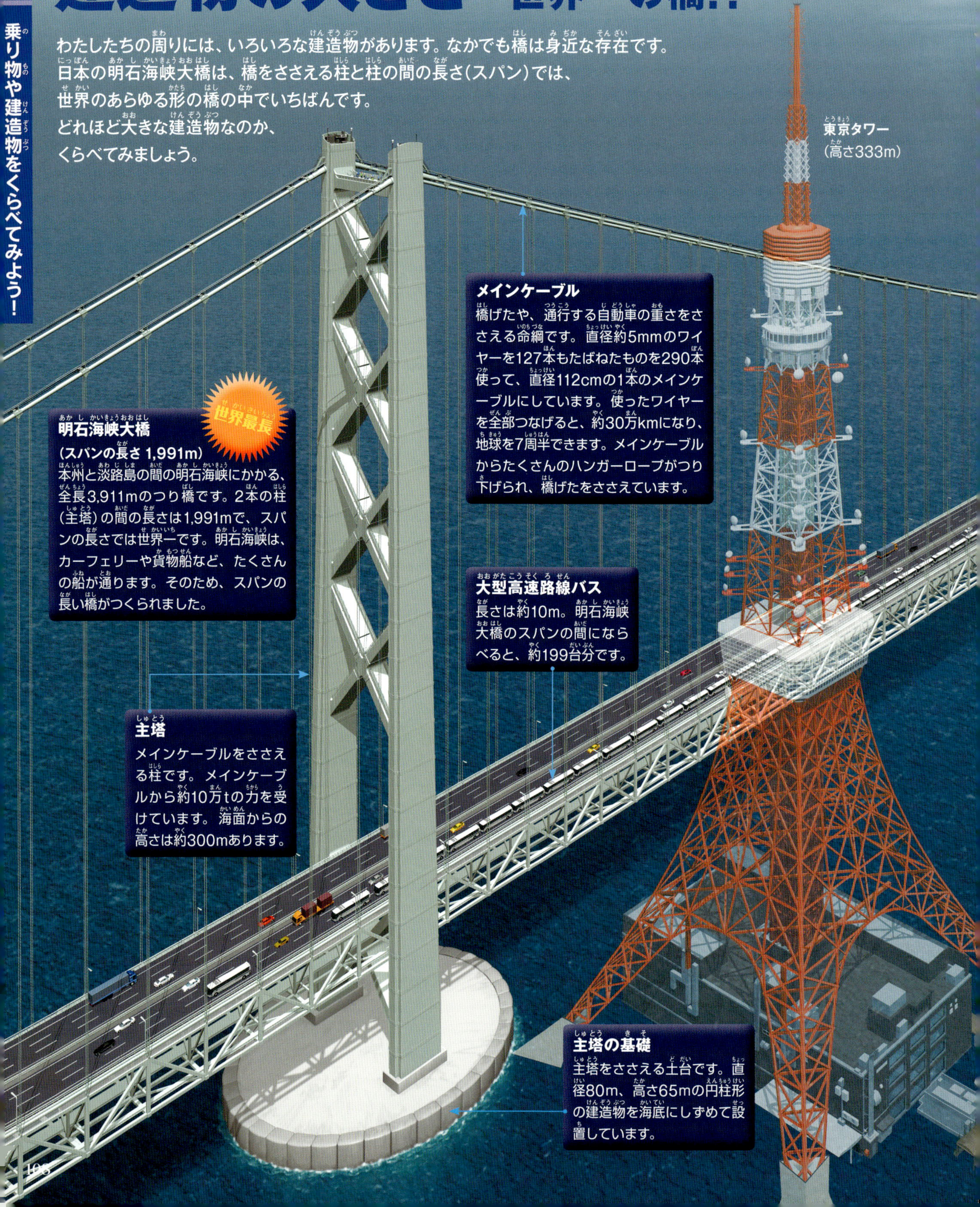

東京タワー
（高さ333m）

メインケーブル
橋げたや、通行する自動車の重さをささえる命綱です。直径約5mmのワイヤーを127本もたばねたものを290本使って、直径112cmの1本のメインケーブルにしています。使ったワイヤーを全部つなげると、約30万kmになり、地球を7周半できます。メインケーブルからたくさんのハンガーロープがつり下げられ、橋げたをささえています。

世界最長

明石海峡大橋
（スパンの長さ 1,991m）
本州と淡路島の間の明石海峡にかかる、全長3,911mのつり橋です。2本の柱（主塔）の間の長さは1,991mで、スパンの長さでは世界一です。明石海峡は、カーフェリーや貨物船など、たくさんの船が通ります。そのため、スパンの長い橋がつくられました。

大型高速路線バス
長さは約10m。明石海峡大橋のスパンの間にならべると、約199台分です。

主塔
メインケーブルをささえる柱です。メインケーブルから約10万tの力を受けています。海面からの高さは約300mあります。

主塔の基礎
主塔をささえる土台です。直径80m、高さ65mの円柱形の建造物を海底にしずめて設置しています。

世界の橋 スパンの長さランキング

1	明石海峡大橋（日本）	1,991m
2	舟山西候門大橋（中国）	1,650m
3	グレートベルト・イースト橋（デンマーク）	1,624m
4	李舜臣大橋（韓国）	1,545m
5	潤揚長江公路大橋（中国）	1,490m

※2016年2月現在、完成しているもの。上の5つはすべてつり橋。
（W.F.Chen, L.Duan,「Handbook of Internadional Bridge Engeneering」ほか）

大型タンカー
（全長約300m）

連絡船
（全長約30m）

■橋の形いろいろ

橋は形によって、けた橋、つり橋、斜張橋、トラス橋、アーチ橋に分けられます。

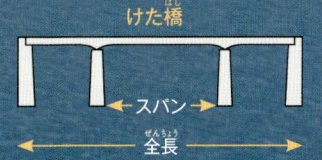

けた橋

橋脚に板をのせる最も一般的な形です。橋脚と板をふやしていけば、長い橋をつくれます。

つり橋

両岸から、かけわたしたケーブルによって橋床をつり上げる橋。スパンを最も長くできます。

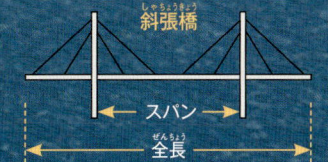

斜張橋

塔から、ななめにはったケーブルで、橋げたをささえる橋。最近は、かなりスパンの長いものもあります。

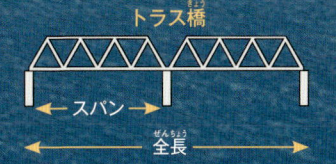

トラス橋

三角形の骨組みをつなげた構造の橋。少ない材料で、スパンの長い橋をかけることができます。

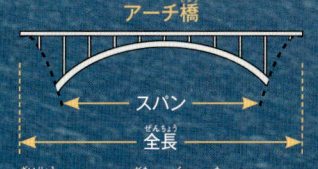

アーチ橋

材料をアーチ形に組み立ててつくる橋。アーチ構造はがんじょうな橋ができます。

橋げた

自動車が通行するためのゆかとなる部分です。明石海峡大橋の橋げたのはばは35.5mで、その上に6車線の自動車道路がつくられています。

世界のトンネル 長さランキング

1	ゴッタルド・ベーストンネル（スイス）	57.1km
2	青函トンネル（日本）	53.9km
3	ユーロトンネル（イギリス/フランス）	50.5km
4	レッチュベルク・ベーストンネル（スイス）	34.6km
5	新関角トンネル（中国）	32.6km

※2016年2月現在、貫通しているもの。
（社団法人日本トンネル技術協会 資料ほか）

世界の主なダムの高さ

ダムは、飲み水や農業用水をためたり、こう水をふせいだり、発電をしたりするために、川をせき止めてつくる建造物です。日本には、急流が多く、ダムがたくさんつくられています。ダムの高さ（堤高）によってくらべてみましょう。

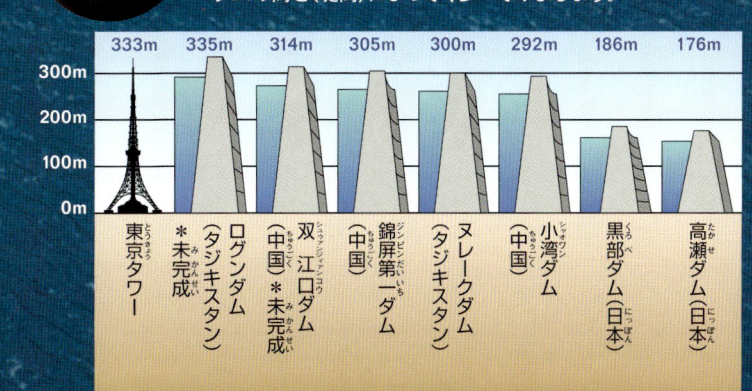

333m	335m	314m	305m	300m	292m	186m	176m
東京タワー	*未完成 ログンダム（タジキスタン）	双江口ダム（中国）*未完成	錦屏第一ダム（中国）	ヌレークダム（タジキスタン）	小湾ダム（中国）	黒部ダム（日本）	高瀬ダム（日本）

（一般社団法人日本ダム協会 近畿・中部ワーキンググループ「ダムの科学」ほか）

建造物の高さ ―1,000m以上のビル!?

現在、日本でいちばん高い建造物は東京スカイツリー。世界には、もっと高い建造物があります。そして、さらに高いビルが建造されています。そんなびっくり建造物をくらべてみましょう。

世界の建造物 高さランキング

[ビル]
1 ブルジュ・ハリファ（アラブ首長国連邦）…………828m
2 上海中心（中国）…………632m
3 メッカ・クロック・ロイヤル・タワー（サウジアラビア）…………601m
4 ワン・ワールド・トレード・センター（アメリカ）…………541m
5 台北101（台湾）…………508m

[タワー]※支線でささえているものをのぞく
1 東京スカイツリー（日本）…………634m
2 広州塔（中国）…………600m
3 CNタワー（カナダ）…………553m
4 オスタンキノタワー（ロシア）…………540m
5 東方明珠電視塔（中国）…………468m

※2016年5月現在。完成しているもの。

ジッダタワー（1,000m以上）
サウジアラビアのジッダに建設中のビルです。高さは1,000m以上になるといわれています。キングダムタワーといわれていました。

大山（大仙陵）古墳
大阪府堺市にある日本最大の古墳で、全長486m。はば約305mもあります。仁徳天皇の墓といわれています。

世界最高

ブルジュ・ハリファ（828m）
アラブ首長国連邦のドバイにある世界一高い建造物です（2016年5月現在）。2010年1月に完成しました。

古い建造物の大きさくらべ

□25mプール

コロセウム（約188m×約156m）
秦の始皇帝陵（1辺約350m）
クフ王のピラミッド
東大寺大仏殿（約57m×約50m）
大山古墳

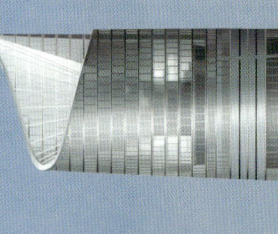

KVLYテレビ塔（628.8m）
アメリカ合衆国ノースダコタ州にある、テレビなどのアンテナ塔です。何本もの支線によってささえられています。

上海中心（632m）
上海タワーともいいます。中国で第1位、世界でも第2位の高さのビルです。地上121階。地下5階です。

東京スカイツリー（634m）
2012年5月に開業した。世界一高いタワーです。

あべのハルカス（300m）
大阪市にある、地下5階地上60階建てのビルです。2014年に開業して、横浜のランドマークタワー（296m）をぬいて、日本一高いビルになりました。

ウルム大聖堂（161m）
ドイツにあるキリスト教の大聖堂。1377年から建設され、細かい部分などは、1890年までかかりました。

クライスラービル（319m）
ニューヨークの高層ビルです。1930年に完成した時は、世界で最も高いビルでした。レンガなどで建設されています。

カーン・シャティール（150m）
カザフスタンの首都アスタナにある、世界最大級のテントです。中にはショッピングセンターや映画館などがあります。

東京タワー（333m）
1958年にできた、テレビ放送用のタワーです。観光の名所にもなっています。

クフ王のピラミッド（約147m）
今から約4500年前につくられた最大のピラミッドです。1つ約230m、高さ1.2mほどの石が積みあげられています。現在はけずられて139mになっています。

牛久大仏（120m）
茨城県牛久市にある、世界最大級の仏像です。台座が20m、像が100m。1992年に完成しました。

ペトロナスツインタワー（452m）
マレーシアのクアラルンプールにある、世界一高いツインタワー（2本のビル）です。

東寺五重塔（約55m）
京都市にある、日本一高い仏教の塔。現在のものは、1644年に建てられました。

上海中心で使われているエレベーターは、分速1,230m（時速73.8km）で世界でいちばん速いエレベーターです（2016年5月現在）。日本の三菱電機がつくりました。

教室は子どもたちでいっぱい。
みんな真剣に授業を受けます。
（ブルキナファソ）

写真：小松義夫

ウルツ（→p.121）とよばれる
テントが教室。みんなで勉強します。
（モンゴル）

写真：小松義夫

お手伝いで集めた
シュロの葉は、
屋根の材料にします。
（インド／ナガランド）

写真：小松義夫

世界と日本を
くらべてみよう！

世界には、190をこえる国があります。
国が変われば、食べ物や家、服などもさまざまです。
日本とずいぶんちがっている国もあれば、
よく似ている国もあります。
世界と日本をくらべてみましょう。

学校に行こう！

どの町にも学校があり、校舎で授業を受ける・・・。
日本ではあたりまえのことですが、
世界には、学校に通うことができない子どももいます。
授業の内容や学校での決まり、習慣もじつにさまざまです。
世界中の学校を訪問してみましょう。

■ 世界の国々の授業

木を植える授業。校庭の井戸でくんだ水を木にあげます。
（ブルキナファソ）①

伝統的なダンス。バリ舞踊の授業。（インドネシア）②

校舎の外ですわって授業。日かげは
けっこう快適です。（パキスタン）③

課外授業でウルル（→p.88）に登ります。
（オーストラリア）④

■ いろいろな制服

イスラム教の神学校の制服です。（オマーン）⑤

制服のにぎやかなもようは、男
女でおそろいです。（ガーナ）⑥

世界の学校事情

純就学率の高い国 （中等教育）	・日本 （男）99% （女）100% ・アイルランド （男）99% （女）100% ・イスラエル （男）97% （女）100%
低い国	・アンゴラ （男）15% （女）12% ・ニジェール （男）15% （女）10%

※ 純就学率というのは、中学校に通う年齢の子どもが、実際に学校に入学している割合です。（国連児童基金「世界子供白書2015年」）

小学校の先生ひとりあたりの 児童が多い国	・中央アフリカ共和国　80人 ・マラウイ　74人
少ない国	・日本　17人 ・リヒテンシュタイン　7人 ・サンマリノ　6人 ・オマーン　6人

（国連統計より作成。2013年現在。小数点以下切り捨て）

義務教育の期間は、日本は9年ですが、フランスは10年、フィリピンは6年、アメリカは、州によってことなりますが、12年のところもあります。

平らな草原の国にも山岳地帯があります。山で育つ家ちくのトナカイで通学。（モンゴル）⑦

■登下校のようす

小舟にゆられて通学。熱帯雨林の地域ならではです。（ペルー）⑧

三輪の自転車がぼくらのスクールバス！（インド）⑨

■いろいろな習慣

登校したら、校庭に集合。列をつくって教室に入っていきます。（セネガル）⑬

学校のそうじも授業。そうじが修行のひとつとされている、仏教の国の特色です。（ラオス）⑭

■放課後のお手伝い

子守りはお姉ちゃんの仕事。カーニバルの日も、弟といっしょです。（カーボベルデ）⑩

つぼに入れた水を運びます。頭の上にぬののクッションを置いて、バランスを取ります。（ミャンマー）⑪

建物に使う土かべの材料づくり。どろんこでも気にしません。（マリ）⑫

学用品いろいろ

紙のノートにえんぴつ…。あたりまえのようですが、世界中、同じというわけではありません。インドの一部では、ねん土の板に、竹ペンで書くところがあります。また、アフリカでは木の板に、炭やチョークで書くところも多いのです。書く場所がなくなると、水であらって、もう一度使います。

どろをぬった板のノートに木のペンと墨で文字を書きます。（マリ）⑫

写真：小松義夫

給食を食べよう！

世界と日本をくらべてみよう！

日本の小学校のお昼は、ほとんどが給食です。
でも、給食はどの国にもあるわけではありません。
お弁当を持ってきたり、家に帰って食べたり、
お昼ご飯のとり方はさまざまです。
世界の子どもたちのランチタイムをのぞいてみましょう。

■いろいろなランチタイム

お昼の時間のちがいは、給食かお弁当かということだけではありません。
メニューも食べる場所も、じつにさまざまです。
いちばんおいしそうなのはどこでしょう？

休み時間には校庭にお店が出ます。パンやおかしなど、いろいろなものが買えます。（カーボベルデ）①

日本の小学校の給食です。あなたの学校とどちらがおいしそうかな？（日本）②

お寺も学校のようなものです。友だちといっしょに楽しい食事。手で食べるのはあたりまえ。（ミャンマー）④

給食は外でつくります。みんなが持ってきた空の器にもりつけます。（ブルキナファソ）③

教室の前に置かれた空の器

116　1790年代に、ドイツでまずしい子どもたちにスープを配ったのが、学校給食の始まりといわれています。

プレートにもりつけた給食を自分たちで運びます。おいのりをしてから、教室でみんなで楽しく食べます。（タイ）⑤

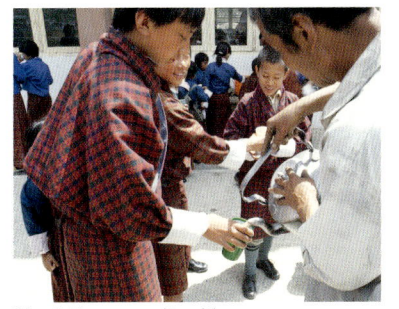

休み時間にバター茶が配られます。バターといっしょに出した、栄養たっぷりのお茶です。（ブータン）⑥

みんないっしょに教室でランチ。紙ぶくろの中のハンバーガーは、あとのお楽しみです。（アメリカ）⑨

おかしを食べてよい休み時間があります。校内のお店で買ったおかしを、友だちと食べるのが楽しみ！（フィリピン）⑩

遠足の日のランチボックス。中身はバナナとおかし！（イギリス）⑧

下校とちゅうのおやつ。お昼を家に帰って食べる国もあります。（中国）⑦

日本の給食の歴史

学校給食は、1889（明治22）年に、山形県の小学校で、おにぎりと焼き魚などが出たのが、始まりといわれています。全国的に行われるようになったのは、1946（昭和21）年ごろからです。戦争が終わって、食べ物が不足していたので、子どもたちが栄養をとれるようにと、始められました。最初は、脱脂粉乳という、あぶらをぬいたミルクとコッペパンだけの給食でした。

©時事

1970年代の給食。アルミの食器、先われスプーン。コッペパンに牛乳が定番でした。

写真：アフロ

現在の給食。ご飯の日もあればパンの日もあります。おかずやパンの種類も豊富です。

写真：小松義夫

脱脂粉乳というのは、牛乳から、しぼう分を取りのぞいたもので、本来はチーズなどの加工品や家ちくのえさになるものでした。

食べ物－世界の主食はなんだろう？

わたしたち、日本人にとってのご飯（米）のように、
食事の中心になる食べ物のことを主食といいます。
最近は、日本でも、パンやめん類を
主食にしている人もふえてきているようです。
世界中の食べ物をくらべてみましょう。

■米

米の多くは、アジアの国々でつくられています。
米は、そのままたいたり、めんなどに加工したりします。

赤米を主に食べる地域もあり
ます。トウガラシたっぷりのお
かずです。（ブータン）③

市場で米のめんが売られま
す。この国では欠かせない
食材です。（ミャンマー）①

「ライス・ペーパー」を運ん
でいるところです。野菜
などを包んで食べます。
（ミャンマー）①

魚のたきこみご飯
（セネガル）②

■小麦

世界中で食べられている、
こく物です。主に、粉にして、
パンなどに加工されます。

むし上がったまんじゅう。小麦
でできた皮は、ふわふわです。
（中国）⑥

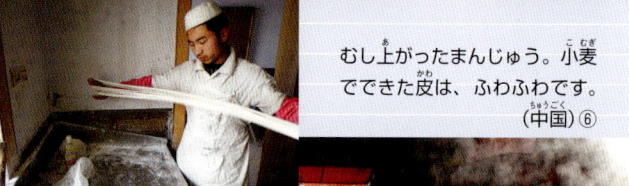

「スパゲティ」などの「パスタ」
も、小麦粉からつくられます。
（アメリカ）⑤

小麦粉をこねて細く
して、めんをつくり
ます。（中国）⑥

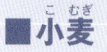

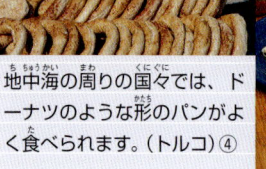

地中海の周りの国々では、ド
ーナツのような形のパンがよ
く食べられます。（トルコ）④

練った小麦粉を平べったくし
て焼く「チャパティ」の生地を
つくっています。（インド）⑦

米は、大きくジャポニカ米とインディカ米に分けられます。日本や東アジアの国々でつくられているのは、ねばり気のあるジャポニカ米です。

トウモロコシのパンをつくっています。（アメリカ）⑤

■トウモロコシ

トウモロコシは、小麦と米とならぶ、三大こく物のひとつです。中央アメリカ・南アメリカなどで、主食になっています。

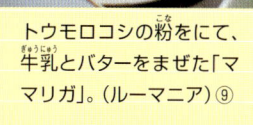

メキシコ料理の「タコス」。トウモロコシの粉でつくった皮を焼きます。（メキシコ）⑧

トウモロコシの粉をにて、牛乳とバターをまぜた「ママリガ」。（ルーマニア）⑨

焼いた皮で、肉や野菜をはさんで食べます。（メキシコ）⑧

■イモ類

イモは、こく物ではなく、野菜ですが、多くの国々で、主食として食べられています。

焼いたりむしたりしたヤムイモをうすでつきます。（ベナン）⑫

ヤムイモを焼きます。自動車の車輪がこんろがわりです。（ブルキナファソ）⑬

タピオカイモ（ペルー）⑩

いろいろなイモを鍋でにます。（フランス領ニューカレドニア島）⑪

■そのほか

そのほかにも、世界には、いろいろな主食があります。また、特に主食がないという地域もあります。

北アフリカ料理、雑穀の「クスクス」。（モーリタニア）⑮

ヤシからとれるでんぷんでパンケーキをつくります。（パプアニューギニア）⑭

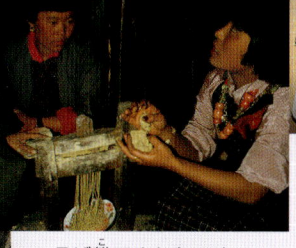

こく物の粉を発こうさせて焼いた「インジェラ」。（エチオピア）⑯

そば粉でめんをつくります。日本のそばよりめんが太いです。（ブータン）③

マメをにこんだ料理。マメも、多くの地域で主食になっています。（エジプト）⑰

写真：小松義夫

インディカ米は、主に東南アジアの国々でつくられています。細長くてねばり気がなく、チャーハンなどにするとおいしいです。

家 — 世界のおうち訪問!?

最近は鉄筋コンクリートの建物がふえましたが、
日本の家の多くは、木でつくられています。
世界には石や土など、いろいろな材料でつくられた家があります。
もちろん形もさまざま。世界の家をくらべてみましょう。

■ 世界のめずらしい家

地下の家（チュニジア）①
マトマタ地方には、地面にあなをほってつくった家が、たくさんあります。あなの底から、周りに横あなを広げて部屋にしています。

土の家（ベナン）②
ソンバの人々の家、タタ・ソンバは土のお城のようで、てきをふせぐ形です。どろだんごをならべて積み上げます。

■ 日本のめずらしい家

舟屋（京都府）②
2階建てで、1階は舟を入れるため、海に向かって開いています。2階が住まいです。

南部曲屋（岩手県）③
長方形の母屋に、馬屋が直角に、はり出しています。

合掌造りの家（富山県・岐阜県）④
屋根を、てのひらを合わせたような形で、高く組んでいます。屋根うらでは、カイコをかったりしていました。

赤がわら屋根（沖縄県）①
宮古島の古い民家の屋根は、赤いかわらでふかれ、白いしっくいで固められています。

1軒の家に住んでいる平均の人数は、日本では2.4人、パキスタンでは6.7人、スウェーデンでは2.1人。スウェーデンでは40%がひとりぐらしです。

芝土ブロックの家（ボリビア）③

アンデス高原の塩分の多い土地に生える草は、根をしっかりはります。それを切り取って積み上げると、じょうぶな家ができあがります。

土でできた円形住居（中国）④

福建省には、「土楼」とよばれる、円い形の土の集合住宅があります。昔、戦争をのがれてきた「客家」という人々の家で、てきをふせぎやすいように、あつい土かべで円い形につくられています。入り口の門はひとつで、反対側に小さな通用門があり、4階建てで、全部で200以上もの部屋があります。

高い屋根の家（インドネシア）⑥

スンバ島の家。高い屋根は、竹の骨組みの上に、たっぷりと草をふいてつくられます。

岩のあなの中は、地球といっしょに時間をすごす気分です。静かで落ち着きます。

岩の家（イタリア）⑤

大きな岩のあなに、まるでヤドカリのように住んでいます。ヒツジやヤギの放牧をしています。

遊牧民のテント（モンゴル）⑧

トナカイとともに移動して暮らすツァータンの人々の家。「ウルツ」といいます。

草でできた湖上の家（ペルー）⑦

トトラという植物を積み重ねて湖にうき島をつくり、その上にトトラを編んで家を建てます。草の上はふかふかです。

写真：小松義夫

デンマークのレス島には、屋根を海そうでふいた家があります。雨がふると、海そうが重くなって家がたわむそうです。

服—世界のおしゃれじまん!?

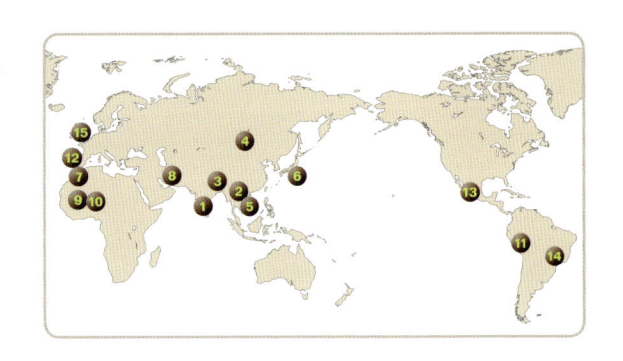

日本の着物のように、それぞれの民族に伝えられている、昔からの衣服を「民族衣装」といいます。
日本人の多くは、ふだんは着物をあまり着ませんが、世界には今でも民族衣装を着て生活している人たちもいます。
どんな服があるのか、くらべてみましょう。

■世界の民族衣装

おぼうさんの服です。1まいのぬのを、上手にまきます。(ラオス)②

サリーの着方

ぬのをこしにまいて、残った部分を後ろから、肩にかけます。

「サリー」とよばれる、まきつけ型の代表的な服です。ひだを美しくつくってあります。(インド)①

ブータンの女性の民族衣装「キラ」。ぬのを体の前で合わせて着ます。(ブータン)③

「アオザイ」とよばれるもの。上衣とズボンを組み合わせます。(ベトナム)⑤

「デール」とよばれるもの。前合わせで着る服のルーツです。(モンゴル)④

ブータンの男性の民族衣装「ゴ」。日本の着物に似ています。(ブータン)③

キラの着方

ぬののはしを左肩でとめ、残りを右肩でとめます。

日本の着物は、中国から伝わった衣服がもとになっています。(日本)⑥

ねている間もぼうしをつける？

ぼうしやかぶり物には、頭のほごやおしゃれなど、さまざまな目的があります。奈良時代から鎌倉時代にかけての日本では、男の人は「烏帽子」というぼうしのようなものをかぶることが、大人のあかしでもありました。烏帽子は、特別なことがないかぎり、ねているときでもかぶっていました。

すぅ

民族衣装の生地はいろいろですが、オセアニアでは、ヤシの葉や「タパ」とよばれる木の皮のせんいでできた服を着ている人々がいます。

「ジェラバ」とよばれるもの。長いぬのに、そでとフードをつけたコートです。（モロッコ）⑦

イスラム教の大人の女性は、全身をすっぽりとおおう黒い服を着ます。（イラン）⑧

美しい青いぬのをまいています。すずしげな色です。（モーリタニア）⑨

1まいのぬのにあなをあけて着る「かん頭衣」。ゆったりとしていて、風をよく通します。（マリ）⑩

毛織りの「ポンチョ」。かん頭衣型の服です。（ペルー）⑪

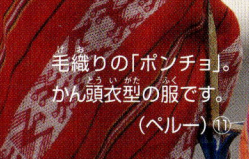

バレンシア地方のお祭りの晴れ着です。（スペイン）⑫

お祭りのおどりのときの衣装。ひだが美しくひるがえります。（メキシコ）⑬

収かく祭の衣装。おとなも子どもも、いなかの農民風のすがたです。（ブラジル）⑭

男性もスカート!?

イギリスのスコットランド地方では、「キルト」というスカートのような民族衣装を、男の人が着ます。ギリシャの「フスタネラ」もスカートそっくりです。また、東南アジアや中東などの暑い国々で、男の人が着るものも、スカートによく似ています。

キルトをはくスコットランドの男性。（イギリス）⑮

宗教にかかわる服もあります。イスラム教の女性は、家族以外にはだを見せてはいけないので、外出するときには、大きなベールで全身をかくします。

言葉と文字
ーこんにちは! ありがとう!

わたしたちは、ふだん、日本語を使っています。
世界には、たくさんの言葉や文字があります。
また、言葉がいくつもある国も少なくありません。
世界の言葉や文字をくらべてみましょう。

日本
（日本語）⑭
こんにちは
ありがとう

■世界のあいさつ

ルーマニア
（ルーマニア語）③
Bună ziua
ブーナ ジーワ
Mulţumesc
ムルツメスク

ロシア
（ロシア語）⑤
Здравствуйте.
ズドラーストヴィチェ
Спасибо.
スパシーバ

フランス
（フランス語）①
Bonjour.
ボンジュール
Merci.
メルシ

シリア
（アラビア語）④
السلام عليكم
アッサラーム　アライクム
شكرا
シュクラン

インド
（ヒンディー語）⑥
नमस्ते
ナマステー
धन्यवाद
ダンニャワード

ケニア
（スワヒリ語）②
Jambo
ジャンボ
Asante
アサンテ

■世界の文字

言葉は世界で5,000以上あるといわれています。ローマ字が、いろいろな言葉に使われているように、言葉がちがっても、同じ文字を使っていることが多いのです。

●**ローマ字**
世界でいちばん使われている文字。ラテン文字ともいいます。ヨーロッパ、南北アメリカのほか、アフリカ中南部、アジアの一部で使われています。

●**アラビア文字**
イスラム教とともに広まった文字で、アラビア半島の周辺やアフリカの北部、アジアの一部で使われています。

●**ギリシャ文字**
ローマ字やロシア文字のもとになった文字です。現在では、ギリシャやキプロスなどで使われています。

●**ロシア文字**
キリル文字ともいいます。ロシアや、かつてソ連に属していた国々で使われています。

●**漢字**
中国で象形文字から生まれた文字です。現在では、中国や台湾、日本などで使われています。

●**インド文字**
インドを中心として、東南アジアやチベットなどで使われている文字です。インドのデーバナーガリー文字やタイ文字などは、もとは同じ文字から分かれたものです。

世界で最も古い文字は、ピラミッドのかべにきざまれていたヒエログリフで、約5000年前に古代エジプトでできたと考えられています。

韓国
（韓国語）⑨
안녕하세요
アンニョンハセヨ
감사합니다
カムサハムニダ

アメリカ
（英語）⑪
Hello.
ヘロウ
Thank you.
サンキュー

中国
（中国語）⑦
你好
ニーハオ
谢谢
シェシェ

ペルー
（スペイン語）⑫
Buenas tardes!
ブエナス タルデス
Gracias.
グラシアス

ブラジル
（ポルトガル語）⑬
Boa tarde!
ボア タルジ
Obrigada.
オブリガーダ

インドネシア
（インドネシア語）⑩
Selamat siang
スラマッ シアン
Terima kasih
トゥリマ カシ

タイ
（タイ語）⑧
สวัสดีค่ะ
サワッディー カァ
ขอบคุณค่ะ
コープクン カァ

言葉を使っている人の数

（二宮書店『データブック・オブ・ザ・ワールド2016年版』ほか）

中国語	11億9,700万人
スペイン語	3億3,900万人
英語	3億3,500万人
ヒンディー語	2億6,000万人
アラビア語	2億4,200万人
ポルトガル語	2億300万人
ベンガル語	1億8,900万人
ロシア語	1億6,600万人
日本語	1億2,800万人
ラーンダ語	8,900万人

（グラフ目盛り：0 2 4 6 8 10 12億人）

言葉の多い国

● パプアニューギニア 800以上
● インドネシア 約700
● ナイジェリア 500以上

この文字、どっちから読む!?

ローマ字は26字、アラビア文字は28字、ギリシャ文字は24字、ロシア文字は33字ですが、漢字は、なんと数万字もあるといわれています。ちなみに、日本の小学校で習う漢字は1,006字です。また、日本語は、もともとはたて書きで右から左に書きます。英語などは、横書きで左から右に書きますが、それ以外の書き方をする文字もあります。

たて書きで左から右に書くモンゴル文字

横書きで右から左に書くアラビア文字

写真：小松義夫

お金－巨大なお札!?

わたしたちがふだん使っているお金は、使いやすい形や大きさです。
でも、世界には、おどろくほど大きなお札、小さなお札、
変わった形のコインなど、いろいろなお金があります。
（ほぼ実際の大きさです。）

■大きなお札・小さなお札

お金はつくられた時代をうつす鏡です。
大きさ、小ささに、おどろくだけではなく、
なぜつくられたのかも考えてみましょう。

切手紙幣（ロシア）

世界最小のお札。第1次世界大戦の終わりごろ、
金属が不足して、コインがつくれなかったた
めに、切手のデザインをそのまま使ったお札
が発行されました。右側がうら面で、「これは
お金である」ということが書かれています。

世界最小

人民幣（中国）

今でも使えるお札の中では、世界最小のもの
です。1920年から1940年ごろは、国の力
をしめすために、各国で大きなお札がつくら
れましたが、今は小さくなってきています。

写真：アフロ

石貨（ミクロネシア／ヤップ島）

世界最古の貨幣といわれる石のコインです。主に
おくり物に使われました。てのひらサイズから、
直径3.6m以上のものまであります。

世界最大

大明通行宝鈔（中国・明時代）

世界最大のお札。33.8cm×22cmもありました。
1375年に中国でつくられました。皇帝の力をしめ
すためにも、大きなお札が好まれたのですが、質が
悪くて折りたためず、あつかいにくかったようです。

■金額の大きなお札

インフレーション（インフレ）が起こると、物の値段が上がります。
すると、お金が足りなくなるので、金額の大きなお札が発行されます。
第2次世界大戦後のハンガリーでは、ひどいインフレに見まわれ、
次々に高額のお札を発行、そしてついに、1946年には、10垓ペンゴ
券を発行しました。
数字だと「1,000,000,000,000,000,000,000」、「0」が21こにな
ります。ただし、値打ちは2ドル（アメリカドル）ほどだったようです。

お金の値打ちがなくなる!?

戦争などによって使うお金がふえ、反対に物が不足すると、ひどいインフ
レーションになることがあります。特に、
第1次世界大戦後のドイツのインフレ
は有名で、お金の値打ちがきょくたん
に下がり、人々を苦しめました。その
ため、最高100兆マルクのお札が発行
されました。

お札に0が、いちばん多く書いてあるのは、1993年にユーゴスラビア（現在のセルビアなど）で発行された5,000億ディナール券。0の数は11こです。

■変わったお金いろいろ

革製コイン（ロシア）
シベリアで使われた革でできたコイン。寒いところなので、こおって手にはりつくのをふせぐために革製にしたといわれています。

貝貨（西太平洋）
西太平洋のソンソロル島で使われたお金。貝のからを円くみがいてつくられています。

陶銭（シャム 今のタイ）
陶器でできたお金。小銭として使われました。第1次世界大戦後のドイツでも陶器製のコインがつくられています。

竹幣（中国）
タケでできたお金。中国の南部では、金属のコインと同じように使われました。

10垓ペンゴ券

2ドル（アメリカドル）

1,000,000,000,000,000,000,000

写真提供：日本銀行 金融研究所 貨幣博物館

日本でも、第2次世界大戦中に金属が不足したため、陶器でできたコインがつくられました。しかし、発行する前に戦争が終わりました。

人口－人の多い国、少ない国

地球上には70億人以上もの人がいます。
そんなにいたらあふれてしまうと思うでしょう。たしかに人が多くて
きゅうくつな国もありますが、反対に少なくて広々とした国もあります。
いろいろな国をくらべてみましょう。

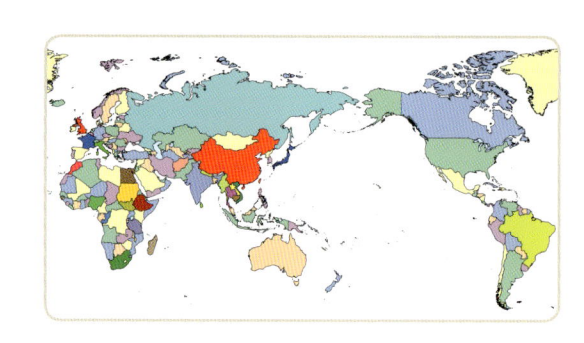

■人口に比例した世界地図

世界の国の面積を、人口によって
変えてみました。上のふつうの地図と
くらべてみましょう。

モンゴル
ロシア連邦
中華人民共和国
日本
ドイツ
イタリア
パキスタン
ベトナム
フィリピン
エチオピア
ナイジェリア
インド
バングラデシュ
シンガポール
インドネシア
オーストラリア

中国・上海の集合住宅
中国の大都市は、住宅が密集しています。上
海の人口は2,000万人をこえています。

写真・アマナ

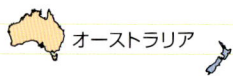

バチカン市国
世界でいちばん小さく、人口の少ない
国です。イタリアのローマ市内にあり、
面積は0.44㎢しかありません。

© AKIRA ISONISHI/
SEBUN PHOTO /amanaimages

人口ランキング（2015年）	
❶ 中華人民共和国	約13億7,605万人
❷ インド	約13億1,105万人
❸ アメリカ合衆国	約3億2,177万人
❹ インドネシア	約2億5,756万人
❺ ブラジル	約2億785万人
❻ パキスタン	約1億8,893万人
❼ ナイジェリア	約1億8,220万人
❽ バングラデシュ	約1億6,100万人
❾ ロシア連邦	約1億4,346万人
❿ メキシコ	約1億2,702万人
⓫ 日本	約1億2,657万人

（国際連合経済社会局人口部『World Population Prospects
The 2015 Revision』）

人口が1万人以下の国
ツバル 約9,900人、ニウエ 約1,500人、
バチカン市国 約800人

ニウエは南太平洋にうかぶ島国で、ニュージーランドと連合を結んでいます。日本は2015年に国家として承認しました。

人口密度の低い国

オーストラリア（オセアニア）	3.1人
ナミビア（アフリカ）	3.0人
モンゴル（アジア）	1.9人

※人口密度とは、人口を国の面積でわったものです。1km²にどれくらいの人が住んでいるかを表しています。

（国際連合経済社会局人口部「World Population Prospects The 2015 Revision」）

モンゴル＝大阪市?

モンゴルの面積は日本の4倍以上ですが、人口は300万人ほどで、大阪市の人口の約1.1倍です。また、オーストラリアは、日本の約20倍の広さですが、人口は、東京都と神奈川県を合わせた人口と同じくらいです。

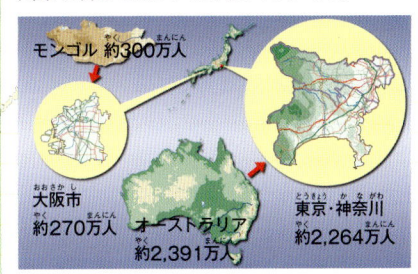

モンゴル 約300万人
大阪市 約270万人
オーストラリア 約2,391万人
東京・神奈川 約2,264万人

カナダ
アメリカ合衆国
メキシコ
ブラジル

北海道

■人口に比例した日本地図

都道府県の面積を、人口によって変えました。あなたの住んでいるところはどうなったでしょう。

兵庫
愛知
埼玉
福岡
大阪
東京
静岡
千葉
神奈川

世界の人口は爆発する!?

世界の人口は、1800年ごろから爆発的にふえはじめました。2100年までに、さらに30億人以上ふえることが予想されています。このままでは食糧不足など、いろいろな問題が起きる可能性があります。

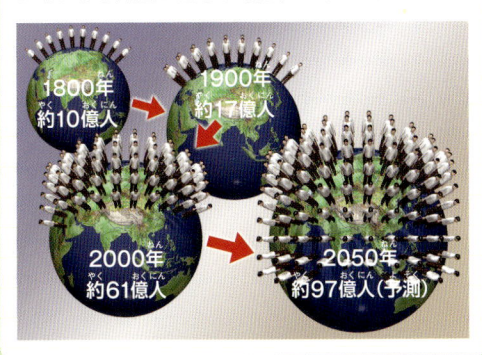

1800年 約10億人
1900年 約17億人
2000年 約61億人
2050年 約97億人（予測）

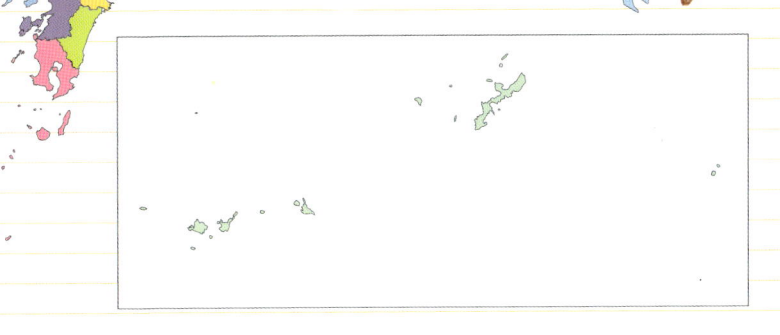

（総務省統計局「平成27年国勢調査結果」）

平均寿命が最も長いのは日本で83.7歳。最も短いのはアフリカのシエラレオネで50.1歳です。（2015年）（世界保健機関「World Health Statistics 2016」）

さくいん

◉ 監修・指導
加藤由子　元上野動物園 動物解説員／ヒトと動物の関係学会 監事
林　一彦　ヤマザキ学園大学 教授／花小金井動物病院
冨田幸光　国立科学博物館 名誉研究員
渡部潤一　国立天文台 教授・副台長
室木忠雄　元東京都足立区立栗島中学校 校長
江口孝雄　防衛大学校 地球海洋学科 教授
中村　尚　東京大学 先端科学技術研究センター 気候変動科学分野 教授
横倉　潤　航空フォトジャーナリスト
木津　徹　海人社『世界の艦船』編集局長
小松義夫　写真家

◉ イラスト
加藤愛一　木下真一郎　飛田敏　永光哲史　マカベアキオ　水野哲也
今井桂三　古沢博司　宮本いくこ

◉ 写真撮影
相田章（スタジオエーツー）　亀田龍吉

◉ 写真・画像提供
小松義夫　清水邦一　林一彦
アフロ　アマナイメージズ　オアシス　時事通信フォト　ピーピーエス通信社
ピクスタ　フォトライブラリー　愛知県漬物協会　海洋博公園・沖縄美ら海水族館
気象庁　京都市動物園　国立情報学研究所　鳥羽水族館　名古屋市東山総合公園
日本銀行金融研究所貨幣博物館　横浜市立野毛山動物園　小学館写真資料室

◉ 撮影協力
ダチョウ王国　日本大学松戸歯学部

◉ 資料提供・取材協力
上野動物園　海洋博公園・沖縄美ら海水族館　気象業務支援センター
京都市動物園　鳥羽水族館　名古屋市東山総合公園　姫路市立水族館
横浜市立野毛山動物園

◉ カバーデザイン
阿部有貴子

◉ 本文デザイン
阿部有貴子
井上登志子（キャデック）

◉ カバーイラスト
加藤愛一　飛田敏　永光哲史 ほか

◉ 印刷進行
小林広貴（共同印刷）

◉ 校閲
小学館クリエイティブ
小学館クォリティーセンター

◉ 協力
佐々木研　蔵本大輔　浅田大輔（ビーワークス）
木村匡志（小学館）
小学館辞書編集部

◉ 編集
平田顕　中島洋平　石黒勇気（キャデック）
廣野篤（小学館）

◉ 制作企画／資材／制作／販売／宣伝
直居裕子／浦城朋子／遠山礼子／藤河秀雄／島田由紀（小学館）

参 考 文 献

吉田研作 編『プログレッシブ中学和英辞典』2014年（小学館）、加藤由子『増補 ゾウの鼻はなぜ長い』2015年、『紙幣の博物誌』冨田昌宏1996年（以上、筑摩書房）、加藤由子・ヒサクニヒコ『どうぶつのあしがたずかん』1989年、『なんでも世界ー2 乗りものと機械』1996年（以上、岩崎書店）、加藤由子『動物、つの〜しっぽカタログ』1990年（クロスロード）、渡部潤一『新しい太陽系』2007年（新潮社）、小松義夫『地球生活記』1999年、小松義夫『地球人記』2001年、小松義夫『世界あちこちゆかいな家めぐり』2004年（以上、福音館書店）、国立天文台 編『理科年表 平成28年』2015年、赤木祥彦『沙漠ガイドブック』1994年、荒牧重雄ほか 編『空からみる世界の火山』1995年（以上、丸善）、気象庁 監修『2015年版気象年鑑』2015年、気象庁 編著『日本活火山総覧（第4版）』2013年（以上、気象業務支援センター）、日本銀行金融研究所 編『新版 貨幣博物館』2007年（ときわ総合サービス）、『世界の海軍2015-2016』2016年（海人社）、クレイグ・グレンディ 編『ギネス世界記録2016』2015年（KADOKAWA）ほか、大隅清治『捕鯨と科学』1995年（日本鯨類研究所）、中川志郎 監修・わしおとしこ 著『ふしぎ発見シリーズ1 どうぶつの目』1994年、山口進『クロクサアリのひみつ』1998年（以上、アリス館）、中坊徹次 編『日本産 魚類検索 全種の同定 第三版』2013年（東海大学出版会）、『データブック オブ・ザ・ワールド 2016年版』2016年、『現代地図帳』2015年（以上、二宮書店）、『楽しく学ぶ小学生の地図帳』2015年、『新編 中学校社会科地図』2008年（以上、帝国書院）、ラッセル・アッシュほか『比較大図鑑』1997年、武内宏司『アオウミガメ』1983年（以上、偕成社）、小原秀雄ほか『レッド・データ・アニマルズ6 動物世界遺産アフリカ』2000年、鶴間和幸『始皇帝の地下帝国』2001年、蟹江節子『日本遺産 神宿る巨樹 The marvelous trees in Japan』2012年、ジェラルド・L. ウッド『ギネスワールド 動物』1982年、東昭『生物の飛行』1979年、東昭『生物の泳法』1980年、松永猛裕『火薬のはなし』2014年、上野充・山口宗彦『図解・台風の科学』2012年、曽根悟『新幹線50年の技術史』2014年、大澤昭彦『高層建築物の世界史』2015年（以上、講談社）、今泉忠明ほか 監修『動物の生態図鑑』1997年、小宮輝之『ほんとのおおきさ・てがた あしがた図鑑』2013年（以上、学研教育出版）、マイケル・J.ベントンほか 監修『生物の進化 大図鑑』2010年、リッカルド・ニッコリ『ヴィジュアル歴史図鑑 世界の飛行機』2014年（以上、河出書房新社）、平井明夫『魚の卵のはなし』2003年（成山堂書店）、鈴木庸夫ほか『ネイチャーウォッチングガイドブック 草木の種子と果実』2012年、中村庸夫『記録の海洋生物 No.1列伝』2010年（以上、誠文堂新光社）、林寿郎『標準原色図鑑全集 別巻 動物Ⅱ』1968年、林寿郎『エコロン自然シリーズ 動物2』1995年（以上、保育社）、皆越ようせい『いろいろたまご図鑑』2005年（ポプラ社）、『朝日百科 植物の世界』1997年、『朝日百科 動物たちの地球』1994年、『朝日現代用語 知恵蔵2007』2007年（以上、朝日新聞社）、樋口広芳ほか『日本動物大百科 3 鳥類Ⅰ』1996年、寒川旭『日本人はどんな大地震を経験してきたのか』2011年、P.ヴェルンホファー『動物大百科 別巻2 翼竜』1993年、アンソニー・マーティン 編著『クジラ・イルカ大図鑑』1991年、今泉吉典ほか 監修『動物大百科』1986年、川道武男ほか 編『日本動物大百科』1996年、トニー・D.ウィリアムズほか『ペンギン大百科』1999年、ラスロー・タール『馬車の歴史』1991年（以上、平凡社）、一般社団法人 ダム工学会 近畿・中部ワーキンググループ『ダムの科学』2012年、塩井幸武『長大橋の科学』2014年（以上、SBクリエイティブ）、水口博也『クジラ・イルカ大百科』1998年、御船淳／山本毅 訳『サメガイドブック』2001年、（以上、TBSブリタニカ）、山岸敦 監修『たまご大図鑑』2012年、竹内薫・丸山篤史『なんでもカロリー換算』2013年、高松伸 監修『世界の高層建築まるわかり事典』2008年、長沼毅 監修『深海生物大図鑑』2009年、国松俊英『ハトの大研究』2005年（以上、PHP研究所）、つじよしのぶ『富士山の噴火』1992年（築地書館）、上野富美夫 編『「長さ」と「速さ」の話題事典』2001年、勝又護 編『地震・火山の事典』1993年、勝又護『地震を知る事典』1995年、丹野郁 監修『世界の民族衣装の事典』2006年（以上、東京堂出版）、杉浦明ほか 編『果実の事典』2008年、東昭『生物の動きの事典』1997年、三橋淳ほか 編『昆虫学大事典』2003年、宇津徳治ほか『地震の事典（第2版）』2010年、萩原幸男 編『災害の事典』1992年、下鶴大輔ほか 編『火山の事典』2008年、Storm Dunlop『オックスフォード気象辞典』2005年、鷹司綸子『新版服装文化史』1991年（以上、朝倉書店）、柴田住秀『鳥の雑学がよ〜くわかる本』2006年（秀和システム）、リチャード・ボークウィルほか『鉄道ギネスブック 日本語版』1998年、マイケル・テイラーほか『航空ギネスブック 日本語版』1998年、青木謙知『旅客機 年鑑 2016・2017』2016年（以上、イカロス出版）、Chepurnov A.V.『自然』1967年、寒川旭『地震の日本史』2007年（以上、中央公論新社）、多紀保彦ほか 監修『新訂原色魚類大圖鑑』2005年（北隆館）、坂本小百合『あなたのとなりに暮らしているアジアゾウ66頭大調査』2006年（飛鳥新社）、R・フリント『数値でみる生物学』2007年（シュプリンガー・ジャパン）、冨田京一ほか『おもしろくてためになる魚の雑学事典』2004年（日本実業出版社）、北村雄一『深海生物図鑑』1998年（同文書院）、伊藤恵夫ほか 監修『恐竜 〜驚きの世界〜』2012年、バードライフ・インターナショナルほか『世界鳥類大図鑑』2009年、北村雄一『深海生物ファイル』2005年（以上、ネコ・パブリッシング）、ジュリエット・クラットン=ブロックほか『世界哺乳類図鑑』2005年（新樹社）、マウロ・ロッシほか『世界の火山百科図鑑』2008年（柊風舎）、『温暖化危機 地球大異変part2』2007年（日経サイエンス社）、宮田秀明『アメリカズ・カップ』1996年（岩波書店）、海外鉄道技術協力協会 編『最新世界の鉄道』2005年（ぎょうせい）、樋口広芳 監修・石田光史 著『ぱっと見わけ観察を楽しむ 野鳥図鑑』2015年、天井勝海 監修『世界遺産 建築の不思議』2007年（以上、ナツメ社）、二宮皓 編著『新版 世界の学校』2013年（学事出版）、『NHKスペシャル 生命大躍進』2015年（NHK出版）、Mark Carwardine『BOOK OF ANIMAL RECORDS』2013年（Firefly Books）、Mark W. Lockwood『Basic Texas Birds』2007年（University of Texas Press）

くらべる図鑑 新版

小学館の図鑑 ● NEO＋ぷらす

2009年7月13日　初版第1刷発行
2016年7月13日　新版第1刷発行

発 行 人 ● 柏原順太

発 行 所 ● 株式会社 小学館
〒101−8001　東京都千代田区一ツ橋2−3−1
電話☎編集：03−3230−5452
☎販売：03−5281−3555

印 刷 所 ● 共同印刷株式会社

製 本 所 ● 株式会社若林製本工場

本文用紙 ● 日本製紙株式会社

ISBN978−4−09−217233−3　　NDC400
AB判　210mm×257mm

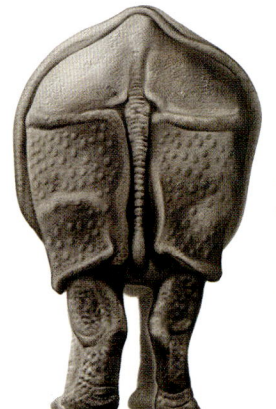

世界一
スパンが長い橋
明石海峡大橋
（スパンの長さ1,991m）
柱と柱の間の長さ（スパン）は
世界一です。
→p.108

世界一
大きなダイコン
桜島ダイコン
（重さ30kg以上）
鹿児島県の特産物です。
→p.23

© HIROSHI KUBOZUKA/
SEBUN PHOTO/amanaimages

日本の世界一

世界の中では、日本はとても小さな国です。
でも、そんな日本にも、いろいろな世界一があります。

写真：ピクスタ

世界一長い
木造歩道橋
蓬莱橋（全長897.4m）
静岡県島田市にある
大井川にかかる
橋です。

世界一せまい海峡
土渕海峡
（最小のはば9.93m）
香川県の
小豆島と前島の間にある
海峡です。

世界一速い鉄道
リニアモーターカーL0系
（時速603km）
2015年4月に
山梨リニア実験線で
記録しました。
→p.106

© HIROSHI OHASHI/SEBUN PHOTO/
amanaimages

世界一
長いダイコン
守口ダイコン
（長さ1.2m以上）
愛知県や岐阜県などで
栽培されています。
→p.23